U0214814

成语里的植物探秘之旅

潘富俊　著

海峡出版发行集团　福建科学技术出版社
THE STRAITS PUBLISHING & DISTRIBUTING GROUP　FUJIAN SCIENCE & TECHNOLOGY PUBLISHING HOUSE

时代出版传媒股份有限公司
安徽美术出版社

图书在版编目（CIP）数据

成语里的植物探秘之旅 / 潘富俊著. —福州：福建
科学技术出版社，2024.5
ISBN 978-7-5335-7245-7

Ⅰ.①成… Ⅱ.①潘… Ⅲ.①汉语－成语－普及读物
②植物学－普及读物 Ⅳ.①H136.31-49②Q94-49

中国国家版本馆CIP数据核字（2024）第065696号

出 版 人　郭　武
责任编辑　李国渊　柴亚丽
装帧设计　吴　可
责任校对　林锦春

成语里的植物探秘之旅

著　　者　潘富俊
出版发行　福建科学技术出版社
　　　　　安徽美术出版社
社　　址　福州市东水路76号（邮编350001）
网　　址　www.fjstp.com
经　　销　福建新华发行（集团）有限责任公司
印　　刷　福州德安彩色印刷有限公司
开　　本　890毫米×1240毫米　1 / 32
印　　张　6.25
字　　数　125千字
版　　次　2024年5月第1版
印　　次　2024年5月第1次印刷
书　　号　ISBN 978-7-5335-7245-7
定　　价　33.00元

自序

汉字历史悠久，经过数千年的使用，词语极为丰富。在汉字发展过程中，产生了一种很特别的文学表现形式——成语。成语经过历代文人的锤炼，简洁而精辟，成为中文重要的结构成分。全世界只有中文和周边受汉文化影响的语言，如日文、韩文等，才有成语出现。

在写作的过程中，适当地引用成语，可使文章形象生动、言简意赅，古今的著名作家都会在行文之际，适当地使用成语。在说话时，运用成语有强调和集中语意的效果。

中文成语大多为四字成语，如："桃李春风""名列前茅"等；在浩瀚的成语中，含有植物名称的成语，可称之为"植物成语"。而有特定植物名称的成语之中，包括各种不同类型的植物，如：栽植于各地水岸的观赏植物"柳树"，或是常见的果树"桃""李"，还有农村常见的经济植物"桑树""竹"，抑或是大江南北的开阔地均有分布的"白茅"，或其他与古代人民生活有关的植物……期望读者能借由身边熟悉的这些植物，认识其特征、历史和诗词典故，了解这些"植物成语"的真正内涵，进而能灵活准确地运用成语，深刻体会古典文学诗文的内容精华。

中文成语数量庞大，根据《中华成语辞海》（约收录成语 37000 条），大多为四字成语，如"柳暗花明""豆蔻年华"等，少数为多至十字的谚语，如"哑子吃黄连，有苦说不出"。据统计，在所有的成语中，"植物成语"有 800 条以上。

古人利用植物的特性、用途等表达心中的想法，而形成"植物成语"——有些植物生长环境特殊，如分布于干燥地区的黄荆和酸枣，常生长在土壤不肥沃的石砾地、废弃地，因此有"荆棘丛生""荆天棘地""披荆斩棘"等成语，用来比喻创业艰难或处境艰险；有些植物的特殊形态，被用来表达特别的意思，如葛藤是一种藤本植物，常攀缘蔓爬到其他植物上，"攀葛附藤"常用来比喻拉拢关系、趋炎附势；亦常应用植物名称的谐音等，如"柳"与"留"同音，古人送别时习惯折柳枝相赠，取其"留客"及"留念难舍"之意，因此"灞桥折柳"即送别之意；或取植物的气味，如"兰桂腾芳"，"兰"

是泽兰，也是香草，用兰桂之芬芳，比喻子孙昌盛；和民生相关的重要经济植物，如桑、樟、槐、榆等也经常出现，如"指桑骂槐""桑榆暮景"等。

自古相沿成习产生的植物特殊内涵或信仰，在成语的形成过程中亦有其重要性——如菊花常在秋霜季节盛开，古人常用以自况，谓"黄花晚节"，喻晚年面临特殊变故还能保持高尚的节操；又如黄荆在古代被砍伐用作刑具，形成一种制度和习惯，后世因此视黄荆木为刑罚的象征，廉颇袒露上身，背着荆条去向蔺相如认错，即为知名的"负荆请罪"的故事。

800多条植物成语中，包含120种植物。本书选取25条与植物相关的成语，这些植物多数是常见的，其中20条成语，涉及单一植物；5条成语，含有2种植物。30种植物中，原生植物有5种，如：水芹、水蓼、浮萍、白茅等；果树有9种，如：柿、梨、桃、李、枇杷、橘等；景观树种、观赏花卉有7种，如：桂花、黄杨、菊花、梧桐等；蔬菜有4种，如：菘（白菜）、韭、萱草等；香料等特用植物有5种，如：肉桂、豆蔻等。

每条成语中，介绍成语出处与典故，索引植物的文化象征和历史意义，以及其他相关文学举例，还有植物的基本资料、形态特性、分布范围、生态需求（广域性、土壤、气温、干湿）、用途、栽种情况等简介。

目录

2

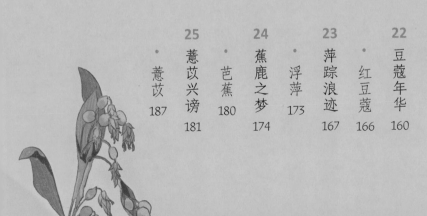

01

柳暗花明

莫笑农家腊酒浑，丰年留客足鸡豚。

山重水复疑无路，柳暗花明又一村。

箫鼓追随春社近，衣冠简朴古风存。

从今若许闲乘月，拄杖无时夜叩门。

——宋·陆游 游山西村

历史文化

"山重水复疑无路，柳暗花明又一村。"此句是这首诗中最为人所知的佳句，大意是说：一路走来，经过许多层峦迭嶂的高山、曲折蜿蜒的流水，本来以为前头已经无路可走，谁知峰回路转，原本被浓密的柳树隐蔽的景色，忽然展现在眼前，出现一片百花竞放的鲜艳夺目景象，让人眼睛一亮。"柳暗花明"本来是形容绿柳成荫、繁花似锦的美景，后来被引申比喻在曲折艰辛之后，忽然出现了绝处逢生的转机。

古人常借描写柳树来抒发情怀，因此在诗词歌赋中柳是出现频率最高的植物。例如，"柳"与"留"发音相近，所以古人在送别时，常折柳相赠，既有"挽留"之意，也比喻情意绵绵、依依不舍。历史上最著名的柳树，大概就是晋代陶渊明辞官归隐所种的那五株柳树了。这五株柳树因陶渊明自号为"五柳先生"而名声赫赫，柳树因此被比喻为隐士或隐居的处所。

柳树千姿百态，垂柳枝条纤细柔软，所以形容女子"杨柳小蛮腰"（纤纤细腰），以柳叶比喻女子"芙蓉如面柳如眉"（细长的眉毛），而常用轻盈婆娑的姿态，描写女子的婀娜身段。

典故延伸

● 柳暗百花明，春深五凤城。

——唐·王维《早朝》

凤城指长安，长安为唐朝首都，此处用柳树和百花描述都城景色。

● 花明柳暗绕天愁，上尽重城更上楼。

——唐·李商隐《夕阳楼》

用来描写春天的景色。

● 柳暗花明池上山，高楼歌酒换离颜。

——唐·武元衡《摩诃池送李侍御之凤翔》

诗里已出现"柳暗花明"的字句，只是不如陆游的《游山西村》出名。

成语延伸

- 傍花随柳、柳弹莺娇：用柳树来形容春色。
- 柳下借阴：原意是在柳树下借阴乘凉，比喻求人庇护。
- 灞桥折柳：比喻送客作别，起因于古代送客，常送至灞桥边，折柳相送。

特征

　　我是柳，也有人称呼我为垂柳。我身上的枝条柔软下垂，常随风婆娑起舞。于是，读了"垂柳依依""芙蓉如面柳如眉"这些语句的你，把纤柔多姿的我，联想成小鸟依人、娇弱无力的样子了？

植株

但其实，我属于树干粗壮的落叶乔木，身高可达 10 米，灰褐色的树皮上有深沟裂纹。

我在枝丫上的各茎节只长一片叶子，叶子互生，叶片底部较为宽阔，顶部尖细，呈狭披针形至线状披针形，长 5—8 厘米，叶片边缘是不规则的锯齿状。叶柄上覆盖着短柔毛，长 0.5—0.8 厘米。

我的花分为雌花序和雄花序，雌雄异株。雌花序的花柱短而粗，长 2—3 厘米；雄花序花丝细短，长 1.5—2 厘米。我的蒴果呈狭圆锥形，0.3—0.4 厘米长，成熟时开裂成两瓣，种子上有毛。

柳絮

枝叶

住在哪里？

　　我的家族大部分生长在长江流域及黄河流域，我们能适应各种气候，生命力很强，只要扦插就可以成活，繁殖容易生长快，所以分布很广。

　　我的家族在全世界有520多种，中国有200多种，欧洲、美洲、亚洲均有我的兄弟姐妹，所以常听到"无心插柳柳成荫"，就是形容我们很容易种植。

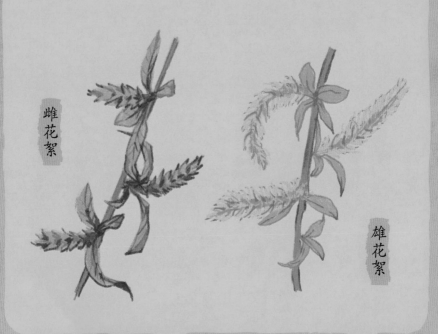

雌花絮

雄花絮

垂柳

Salix babylonica L.

又名：柳树、水柳、垂丝柳等

环境

- 有阳光。

- 温暖湿润的气候和潮湿深厚的土壤。

- 最适合长在水边，如桥头、池畔、河流，或湖泊等沿岸处。

用途

- 园林绿化中常用的行道树，栽植、维护成本低，观赏价值高。

- 木材可制作家具。

- 枝条可编筐。

- 叶可作羊的饲料。

02 柿叶学书

郑广文学书而病无纸，知慈恩寺
有柿叶数间屋，遂借僧房居止，
日取红叶学书，岁久殆遍。

——唐·李绅 尚书故实

历史文化

　　唐玄宗时，著名书画家郑虔（为唐朝第一任广文馆博士，故称"郑广文"）因家境清贫，没有钱买纸练字（古代纸价相当昂贵）。他听说附近的慈恩寺种了很多柿树，因柿树的叶片大，可以拿来写字，寺庙储存了几间屋子的柿叶。郑虔于是到寺中借住，每天取柿叶练习书法，日复一日，竟然所有的柿叶都被他写完了。他的书法、绘画和诗歌后来被称为"郑虔三绝"。"柿叶学书"原意是指用柿叶代纸来勤练书法，后来形容刻苦钻研的精神。

　　柿子颜色金黄，深秋时树上挂着无数橘红色的迷你小灯笼，相当喜气。甘甜美味的柿子如琼浆玉液，自古以来深受人们喜爱，在传统文化中，总是与吉祥、祝福分不开，例如：柿柿如意（事事如意）、朱柿大吉（诸事大吉）。中国某些地方过年时会吃柿子，吉祥年画中常绘以结实累累的柿树，皆象征"事事如意"。有的人会在家中摆放一对柿子，祈求好事成双、顺利平安。

　　柿树的利用已有 2500 年以上的历史,古代文人以柿入文的例子不胜枚举:儒家经典《礼记》和汉朝司马相如的《上林赋》都有提到柿;南北朝刘义恭形容"垂贲华林园,柿味滋殊绝";简文帝司马昱在《谢东宫赐柿启》中描绘柿子"悬霜照采,凌冬挺润,甘清玉露,味重金液";明朝画家沈周创作了一幅《荔柿图》,谐音"利市",寓意新春开市大吉;而明朝开国皇帝朱元璋"凌霜封侯"的故事,有无惧风霜、自我激励之意,流传到民间后,逐渐形成"霜降吃柿子"的习俗。

典故延伸

● 友生招我佛寺行,正值万株红叶满。

　　　　　　　　　　——唐·韩愈《游青龙寺赠崔大补阙》

　　形容秋天柿叶经霜变红,十分壮观。古人所指红叶秋色,其中柿叶贡献不少。

● 李家哭泣元家病,柿叶红时独自来。

　　　　——唐·白居易《慈恩寺有感(时杓直初逝,居敬方病)》

当时白居易最好的朋友李杓直病故、元稹病倒，满山柿树的红艳秋色，让他心情十分落寞。于是，他进慈恩寺上炷香，给朋友祈福，表达诚恳的心意。

- 桂花香处同高第，柿叶翻时独悼亡。

——唐·李商隐《赴职梓潼留别畏之员外同年》

李商隐仕途不顺，与妻子分隔两地十几年。妻子故去时，正值长安城柿叶翻红时，好不热闹，李商隐因为妻子离世而感伤不已。

- 一寿，二多阴，三无鸟巢，四无虫，五霜叶可玩，六嘉实，七落叶肥大（可临书）。

——唐·段成式《酉阳杂俎》

这段文字是指柿有七绝，是"柿叶学书"这一故事的依据。

- 瓦池研灶煤，苇管书柿叶。

——宋·苏轼《孙莘老寄墨》其三

出处称"书柿叶"。

- 门前柿叶已堪书，弄镜烧香聊自娱。

——宋·陈与义《秋试院将出书所寓窗》

说的是"柿叶堪书"。

● 柿叶学书才不短，杏花插鬓意何长。

　　　　　　——明·徐渭《答赠盛君时饮朝天宫道院》

这里已写成"柿叶学书"了。

特征

我属于落叶乔木，身材高大，可长至10—20米。我的皮肤（树皮）呈暗灰色，但小枝丫为褐色，上面覆盖淡褐色的短柔毛。

植株

我的叶子互生，质地有点厚，形状是卵状椭圆形至椭圆形，长6—18厘米，宽3—9厘米，前端渐尖。叶子表面绿色，而且有光泽。我的花雌雄异株，也能同株。雄花是钟形的聚伞花序，浅黄色花冠 4 裂；雌花是单生叶腋，花壶形，浅黄色花冠也是 4 裂。

　　秋风起了，柿子红了。我在秋、冬两季结果，果实长得浑圆可爱，有圆形、扁圆形、椭圆形或卵形。果实颜色有金黄、橙黄至橘红色，直径 3.5—10 厘米，成熟时会呈现橙红至橘黄色，数量多时，像极了闪闪发亮的橘红色小灯笼。

雌花

雄花

果枝

　　我的雌花和雄花常不同株，很多棵雌株就要搭配一棵雄株。一般在果园中，12 棵雌株就要配 1 棵雄株，才能顺利结出果实。

　　我的果实还可依风味及脱涩程度，区分为甜柿和涩柿两大类。甜柿类果实在树上自然脱涩，涩柿类果实必须经过人工脱涩，才能入口食用。

住在哪里？

　　我原本住在中国长江流域，目前在浙江、江苏、湖南、湖北、四川、云南、贵州、广东、福建等的山区林中，还可见到野生和半野生的柿树。由于深受人们青睐，能适应各种环境的我在世界各地都有被培育，全世界柿树品种近千种，不过主要繁殖地区还是在中国、日本、韩国和巴西。

叶

柿

Diospyros kaki Thunb.

又名：柿子、朱柿、朱果等

环境

- 充足的阳光。

- 温暖的气候。

- 深厚、肥沃，湿润且排水良好的土壤。

用途

- 可晒干制饼、酿酒和制醋。

03 琴得焦桐

汉灵帝时，陈留蔡邕……乃亡命江海，远迹吴会。

至吴，吴人有烧桐以爨者，邕闻火烈声，曰：『此良材也。』因请之，削以为琴，果有美音。而其尾焦，因名焦尾琴。

——晋·干宝 搜神记 卷十三

历史文化

晋代干宝所撰写的《搜神记》中，记载汉灵帝时，擅长制作乐器的蔡邕亡命江湖。这一天，蔡邕来到了吴郡，适逢吴郡人烧桐木做饭。一听到木材燃烧发出的不凡爆裂声，蔡邕立刻惊觉这种木材是制造乐器的良材，马上捡拾起未烧着的部分来制琴，制出之琴果然音色纯美。由于琴尾尚留有火烧的焦痕，故称为"焦尾琴"。后来"琴得焦桐"引申为善于拔擢人才。

"琴得焦桐"又写成"暗辨桐声""桐遇知音"等，其他类似的词语，还有"爨下焦桐""炊爨得琴材""爨桐""爨琴""蔡邕琴"等。

"桐"指的是泡桐，又名白桐、紫花桐，栽培历史悠久。《诗经·墉风·定之方中》篇有"树之榛栗，椅桐梓漆，爰伐琴瑟"句，说当时重要的造林树种有泡桐等，砍伐后用来制作琴瑟。泡桐生长迅速，十年即可成材，木材比重低，易于加工，非常适合制作薄板。泡桐木材导音性佳、防潮隔热，古人视为制琴的优质材料，不管天气如何，音色均极稳定，故有"琴桐"之称。

"桐"，通常是指叶大且略呈心形的树种，如梧桐、泡桐、野桐与油桐等。前面所提的《诗经》中出现的"桐"，依句意应为当时分布或栽植在北方的经济树种（用作木材）。因此，除了泡桐外，可能亦指梧桐。唐代贾岛的《投孟郊》有诗句："愿倾肺肠事，尽入焦梧桐"，亦认为"焦桐"的桐是梧桐。

典故延伸

● 焦桐弹罢丝自绝，漠漠暗魂愁夜月。

——唐·张祜《思归引》

● 朱弦失遗调，叹息抚焦桐。

——清·宋荦《苏门征君孙钟元先生》

用"焦桐"等指好琴，或指历尽磨难的良才。

● 剑锋缺折难冲斗，桐尾烧焦岂望琴？

——唐·白居易《除忠州寄谢崔相公》

● 竹头那足用，桐尾不禁焦。

　　　　　　　　——宋·陆游《北窗》

以"桐尾"指代优秀人才。

● 纷纷竞奏桑间曲，寂寂谁知爨下焦。

　　　　　——宋·刘克庄《鹧鸪天·戏题周登乐府》

爨下焦，即焦尾琴，借指高雅之古曲。

成语延伸

● 桐生茂豫：形容草木茂盛而有光泽的样子。

● 桐枝衍庆：祝贺别人添孙子的贺词。

植株

特征

我是能快速生长的高大落叶乔木，身高可达25米。我的叶子呈长卵状心形，长10—30厘米，宽8—30厘米；叶片的先端呈锐形到锐尖形，基部心形，全缘或3—5浅裂，叶柄长5—15厘米。

在三四月时，我开出的花朵又美又香。春光烂漫，微风轻拂，你闻一闻，那是我迎风舞动着的淡紫白色花儿发出的阵阵清香。花序为聚伞花序集生成圆锥状，长约30厘米。典雅的花冠呈管状漏斗状，仅背面点缀着些淡紫色，长8—12厘米，里面

聚伞花序

叶

密生紫色斑块。

我的蒴果为长圆形或长圆状椭圆形，长3.5—4.5厘米，直径约2厘米，2裂；种子很小，具膜状翅，数量多。

往在哪里？

我有个大家族，分布范围相当广泛。在中国境内，北至辽宁南部、河北北部、陕西北部一带，南至广东、广西等地，但主要是以河南东部、山东西南部为中心产区。

蒴果

花

泡桐

Paulownia tomentosa (Thunb.) Steud.

又名：毛泡桐、紫花桐、白桐等

环境

- 喜阳光。

- 排水良好、土层深厚、土壤湿润肥沃、通气性好的沙壤土或砂砾土。

- 可生长在酸性或碱性较强的土壤中，但土壤的 pH 值以 6—8 为好，要多施氮肥，增施镁、钙、磷肥。

- 对温度的适应范围大，能耐 -20—25℃的温差。

用途

- 有净化空气和抗大气污染的能力，是城市和工矿区绿化的优良树种。

- 材质优良，不怕火，耐酸耐腐，不翘不裂，不被虫蛀，不易脱胶，纹理美观，至今尚用来制作箱柜几案等器物，用途广泛。

04 姜桂之性

吾终不为身计误国家，况吾姜桂之性，到老愈辣，请勿言。

——宋史·晏敦复传

历史文化

晏敦复是北宋宰相、著名词人晏殊的曾孙，为人刚直敢言。南宋时，国势孱弱，绍兴八年（1138年），金人派遣使者到宋朝，要南宋君臣拜接金熙宗的诏书，晏敦复认为这是奇耻大辱，上疏坚决反对。秦桧派人暗中拉拢晏敦复，许以高官厚禄，这是晏敦复训斥对方的一段话："我绝对不会为自己的利益损害国家利益，何况我的个性和生姜、肉桂一样，越老越辣，请不要再说了。"

生姜与肉桂，都是食品的调味料，越老越辛辣。"姜桂之性"又作"姜桂老辣""姜桂余辛"，比喻人的性格，年纪越大性格越耿直，或年纪越大性格越刚强。

【姜】烹调时常用的调味香料，主要作用是去腥，如东汉时期张衡所撰写的《南都赋》写道："苏蔱紫姜，拂彻膻腥。"意思就是用紫苏（苏）、食茱萸（蔱）、姜（紫姜）去除鱼肉类的腥膻之味。

此外，姜也是重要的中药药材，具有御寒发汗、祛风化痰的疗效。古时认为进入山区或潮湿的地方，要口含生姜，因为生姜可抵御"霜露蒸湿及山岚瘴气"。东汉时期许慎编著的一部大字典《说文解字》也提到姜是"御寒之菜也"。中医认为，干姜可以治疗腹泻、对抗发炎、减轻痉挛和抽筋，及刺激血液循环等，是一种强效抗氧化剂、杀菌剂，可治疗多种肠道疾病。

生姜还可以作为食材。古代食材没有现代丰富，能够成为贵族食物的种类都有规定，当时诸侯的日常午餐和晚餐（称"燕食"），列有31种食物，包括牛、鹿……榠、枣、栗、姜及桂等，有姜也有肉桂。大文豪苏东坡也喜欢吃姜，并誉称姜的滋味是"先社姜芽肥胜肉"，"姜芽"是嫩姜；也曾记载"庚辰三月十一日，食姜粥，甚美"，"姜粥"为用姜熬的稀饭。

【肉桂】植物各部，如其树皮、树枝、叶、果等，都含有肉桂醛，可提炼肉桂油，用于食品、饮料、香烟及医药等。有特殊香味的树皮，自古即作为调味料使用，如宋朝的百科全书《尔雅翼》记载："古者姜桂为燕食庶馐和之美者"，即古代诸侯的饮食，都需要生姜和肉桂，"和之美者"意即上等调料。直至现代，许多食品及菜肴中也常会掺入肉桂增加香味。例如"切桂置酒中"可酿成风味殊绝的桂酒；风行全世界的可口可乐与百事可乐等饮料，也以肉桂为主要香料。

肉桂各部位又可用于医药和保健，树皮就是"桂皮"，为传统中药材，有散寒止痛之效。古人甚至相信，经常服用肉桂可以"轻身不老""面生光华，媚好，常如童子"，身躯外貌还老返童，肉桂可媲美仙丹、仙药。

典故延伸

● 清诗两幅寄千里，紫金百饼费万钱。……老妻稚子不知爱，一半已入姜盐煎。

　　　　　　——宋·苏东坡《和蒋夔寄茶》

苏东坡的好友蒋夔不远千里寄来的好茶，被不懂茶道的太太和孩子，加盐和姜煎成了茶汤。

● 楚国之食贵于玉，薪贵于桂，谒者难得见如鬼，王难得见如天帝。

——《战国策·楚策三》

后称"米珠薪桂"，指米如珍珠，柴如桂木，比喻物价昂贵。

特征【姜】

我是多年生草本，高可达80厘米。我肥厚的根茎上散发着芳香以及辛辣的味道。

我的叶子排成2列，叶片披针形至线状披针形，长15—30厘米，宽2—2.5厘米，无柄，具膜质叶舌。

花序和根茎

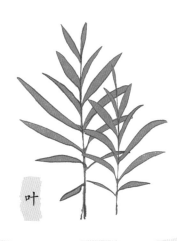

叶

穗状花序球果状，单独自根茎抽出，外包以苞片，长4—5厘米；花冠黄绿色，有紫色条纹及淡黄色斑点，瓣唇形；侧生退化雄蕊与花冠裂片等长且合生，花丝长1—1.2厘米；子房1室。蒴果椭圆形，直径约1厘米。

住在哪里？

我起源于亚州热带雨林中，后来全世界热带及亚热带地区均有栽培，产量最多的国家为亚州的印度、中国、印度尼西亚、尼泊尔和非洲的尼日利亚。

花

根茎

嫩姜

姜

Zingiber officinale Roscoe
又名：生姜、地辛等

环境

- 属于会严重消耗土壤养分的作物。农业界甚至有一说：土地种植一年姜后，需休耕七年来恢复地力。
- 姜的种植在很多国家都产生了生态问题，而在中国，通过合理种植，姜产生了很好的生态效益，在保持水土、涵养水源等方面具有一定的作用。

用途

- 味道辛辣，通常切片、切丝或磨成泥作为调味品，常和青葱、大蒜一同使用。
- 泡制为中药药材。

特征【肉桂】

　　我是常绿乔木，可长至15米高。全株都有香味，幼枝有棱，被褐色短绒毛。

　　我的叶片厚，呈皮革状，近对生，3出脉，长椭圆形至阔披针形，长8—15厘米，宽3—6厘米；全缘叶，表面为绿色，光滑且有光泽，背面粉绿色，披柔毛。

花枝

植株

　　我为圆锥花序，花梗披短柔毛；花小，黄绿色。果实呈浆果状，椭圆形，直径约 0.9 厘米，熟时黑紫色；果托呈浅杯状。

住在哪里？

　　我原产于中国，印度、老挝、越南至印度尼西亚等地也有。中国的广东、广西、福建、云南等地的热带及亚热带地区广为栽培，其中尤以广西栽培为多。

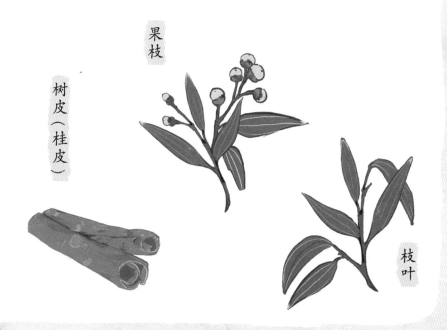

果枝

树皮（桂皮）

枝叶

肉桂

Cinnamomum cassia (L.) D. Don
又名：桂皮、桂枝、桂等

环境

- 喜温暖气候，喜湿润，要求雨量充沛、空气相对湿度 70% 以上，但忌积水，雨水过多会引起根腐叶烂。

- 适合生长于亚热带地区无霜的环境，最适宜生长的温度为 26—30℃。

用途

- 树皮、枝、叶、果等各部分，都可提取肉桂油或其他芳香油，用于食品、饮料、香烟及医药，但常用作香料、化妆品、日用品的香精。

- 多为人工栽培，且以种子繁殖为主，有利于剥取桂皮。多于秋季剥取，刮去栓皮、阴干，视剥取的部位、品质等的不同，而制成不同的加工品。

05 敬恭桑梓

维桑与梓，必恭敬止。

——诗经·小雅·小弁

历史文化

桑梓：桑树和梓树。它们是古代在房屋周围常栽植的两种树木，如朱熹的《诗集传》所说的："桑、梓二木，古者五亩之宅，树之墙下，以遗子孙给蚕食、具器用者也……桑梓父母所植"，所以桑梓就成为故乡的代称。

恭敬意为尊敬、热爱。"敬恭桑梓"原意是：看到长辈们栽种的桑树和梓树，必须恭恭敬敬肃立在树前，引申为对家乡的怀念和对故乡人的尊敬。

【桑树】古代视为最有价值的经济树种，与国计民生关系最为密切，种桑非常普遍。桑叶饲蚕；桑葚味甜可食，可用以救荒充饥或酿酒。此外，取十至十五年树龄的桑木可制弓（称为桑弧），或制作木屐及刀把等；二十年树龄的桑木则可作"犊车材"（制造牛车）。

【梓树】古代北方重要的造林树种，官寺、园亭多有种之，行道树也种梓树。

梓材是优良的木材，木质轻且加工容易，所谓"木莫良于梓"，所以古人称木匠为"梓人"或"梓匠"，古时候称梓木为"木王"。古人印书刻版，也常用梓木，因此刻印书籍才称为"付梓"，出版发行则称为"梓行"。用于造屋则"群材皆不震"。由于材质出色，古时皇帝以"梓器"（梓材制成的棺木）赏赐功臣；皇后死后，也规定用梓棺入殓。梓木可供制作琴瑟等乐器，用桐木（泡桐）作琴面板，用梓木作琴底，叫作"桐天梓地"，这种用泡桐木和梓木制作的琴是"琴中上品"。

典故延伸

● 五亩之宅，树之以桑，五十者可以衣帛矣。

——《孟子·梁惠王上》

孟子对梁惠王建言，如果在五亩大的住宅旁种植桑树，通过养蚕纺丝，就可以让五十岁以上的人穿上丝绸衣服了。这在战国时，象征着民生富裕的好日子。

● 乡禽何事亦来此，令我生心忆桑梓。

——唐·柳宗元《闻黄鹂》

见到故乡的鸟儿，使诗人心中思念起遥远的家乡而怀念感伤。

成语延伸

● 桑弧蓬矢：古代诸侯得子，以桑木制弓，蓬梗做箭，射天地四方，象征儿子长大成人之后，能抵四方之难，光大祖业。旧时常用作祝人得子的贺词，也泛指男儿志在四方。

● 指桑骂槐：意为影射骂人。

● 桑榆暮景：意为已到垂暮之年。

● 沧海桑田：原意为大海变为桑田，比喻世事变化很大。

● 杞梓连抱：杞树、梓树是两种优质的木材，比喻杰出的人才。

特征【桑树】

我属于落叶乔木或灌木。叶互生，卵形或阔卵形，长 5—15 厘米，宽 5—12 厘米，先端急尖至长尾状，基部心形至浅心形。表面鲜绿色，叶背沿脉有疏毛，腋交叉处有簇毛。粗钝锯齿缘。

我的花为单性花。雄花序下垂，长 2—3.5 厘米，密被白色柔毛；雌花序长 1—2 厘米，被毛。

我的果实为聚合果（葚果），卵状椭圆形，长 1—2.5 厘米，成熟时红色或暗紫色。

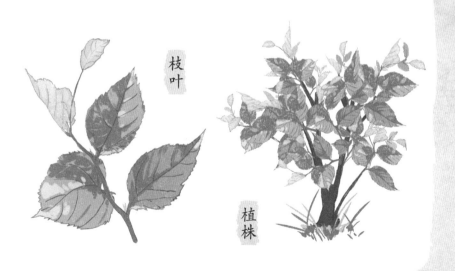

枝叶

植株

住在哪里？

我的大家族——桑属植物有许多种类，有乔木也有灌木，如：白桑、华桑、黑桑、小叶桑、山桑等。

其中，白桑是中国最常见的桑树品种，农书及药书里提及的桑树，一般都专指白桑。原产于华北和华中，现由东北至西南各地、西北地区均有栽培。目前世界各地均有栽培，如：朝鲜、日本、蒙古、印度以及中亚各国、欧洲等地。

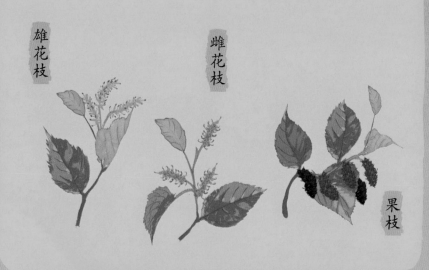

雄花枝

雌花枝

果枝

桑树
Morus alba L.
又名：桑、白桑、家桑等

环境

● 耐寒能力比较差，喜欢温暖湿润的生长环境。

● 对土壤的要求不高，耐贫瘠能力强。

用途

● 果实名为桑葚，可食用、榨汁用、酿酒用，亦可干燥后捣末入药。

● 树皮、树根可入药，称作桑白皮、蜜桑白皮，可清肺热，祛风湿，补肝肾。树皮早期用于制纸。

● 叶亦可入药，但主要用来养蚕。

● 木材黄色，质坚实而致密，常用作农具、乐器、一般器具及作为雕刻用材。

特征【梓树】

　　我属于落叶乔木。我的叶对生，有时轮生，宽卵形至近圆形，长 10—25 厘米，宽 7—20 厘米，先端突尖，基部圆形或心形，常 3—5 浅裂或不分裂；掌状 5 出脉，脉腋有紫黑色腺斑；叶柄长，嫩时有长毛。

植株

叶

我的花序为圆锥花序。合瓣花，花冠为淡黄色，内有黄色条纹及紫色斑点。

我的蒴果长 20—50 厘米。蒴果里有长椭圆形的种子，种子的两端生长毛，如此一来便可以借助风力传播得更远。

住在哪里？

我的原产地在中国，是一种速生树种，广泛分布于华北、东北、西北及华中各地。

我生长于海拔 500—2500 米的地区，常生于村庄附近或公路两旁。

蒴果

花

梓树

Catalpa ovata G. Don

又名：梓、水桐、河楸等

环境

- 喜欢光照，稍耐半阴，比较耐严寒，冬季可耐−20℃低温。

- 适应性强，微酸性、中性以及稍有钙质化的土壤中都能正常生长。

用途

- 树姿优美，在适合的地方生长迅速。叶片浓密，满树白花，秋冬果垂如豆，宜作行道树、庭荫树。

- 木材白色稍软，可用于做家具、高级地板等。

- 嫩叶可食；叶或树皮可作农药，可杀稻螟、稻飞虱。

- 果实（梓实）可入药。

- 梓树抵抗污染的能力很强，可作工厂绿化树种。

06 椿萱并茂

上古有大椿者，以八千岁为春，八千岁为秋。

——庄子·逍遥游

父母俱存，谓之椿萱并茂。

——幼学琼林·祖孙父子

焉得谖草？言树之背。

——诗经·卫风·伯兮

历史文化

《庄子》中有香椿可长到八千岁的说法。香椿能活八千年，如此长寿，因此从前的人用椿树比喻父亲；《诗经》中的"谖草"就是"萱草"，为忘忧之草，在传统的文化意象里，将其比喻为母亲和孝亲。

"椿萱并茂"之"椿萱"指椿树和萱草，分别代称父亲和母亲。椿树和萱草都长得很茂盛，比喻父母都健康、都健在。

【香椿】嫩芽及幼叶有特殊香味，是著名的木本蔬菜，住宅附近多有栽种，如《长物志》所云："圃中沿墙，宜多植以供食。"香椿的吃法有多种，例如香椿拌豆腐、香椿炒蛋或嫩叶拌盐腌制成小菜等。其木材为红色，纹理美观，材质坚实细致，加工后不翘不裂，且耐久耐湿，自古即被视为良材。

香椿和松柏都属于"栋梁之材"，香椿自古以来就享有与松柏同等的地位与盛名。

【萱草】有多种不同称呼。《诗经》中称为"谖草",《说文解字》中称为"忘忧草",《本草纲目》中则称为"疗愁"或"丹棘"。名称虽异,但都认为此草可以使人"忘忧",令人"欢乐"。

约在唐宋时期形成萱草代母的含义,萱草于是成为"母亲花";"萱堂"又称"北堂","北堂"也可作为母亲的代称。

典故延伸

● 祝千龄,借指松椿比寿。

——宋·李清照《长寿乐》

用松树、椿树比拟寿星。

● 九万鹏程才振翼,八千椿寿恰逢春。

——宋·廖刚《望江南》

用香椿祝寿。

● 欲忘人之忧,则赠之以丹棘。

——晋·崔豹《古今注》

赠送萱草(丹棘),使人忘掉忧愁。

● 何人树萱草，对此郡斋幽。本是忘忧物，今夕
重生忧。

——唐·韦应物《对萱草》

由于萱草有忘忧的含义，古人也时兴在庭院中
栽植萱草。

● 宜男，草也，高六尺，花如莲。

——晋·周处《风土记》

称萱草可"宜男"，说已婚妇女佩带萱草花，
可以如愿产下男孩。曹植的《宜男花颂》也提到妇
女"服食萱花求得男"的习俗。

成语延伸

● 椿庭萱堂：用椿树指父亲，萱草指母亲。意为
父母亲。

● 萱花椿树：指双亲。

● 椿龄无尽：意为像椿树一样长寿，为祝人长寿
之辞。

● 北堂植萱：引申为母子之情。

特征【香椿】

我属于落叶乔木。树皮呈红褐色，树皮老后片状剥落，幼枝被柔毛。

叶为偶数羽状复叶。揉一揉，你闻到特殊香味了吧！披针状长椭圆形的纸质小叶6—11对，长8—15厘米，两面均光滑无毛。

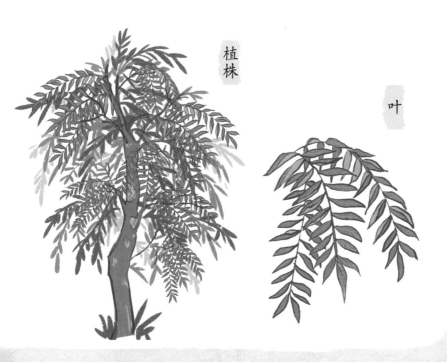

植株

叶

我的花序为圆锥花序顶生；白色花瓣 5 瓣，有芳香；花丝合生成筒，有孕性雄蕊 5 枚，退化雄蕊 5 枚。狭椭圆形的蒴果，长 1.5—2.5 厘米，成熟后开裂成 5 瓣；一端有长翅的椭圆形种子，能随风飘散传播。

住在哪里？

我原产于中国中部和南部，各地均有栽培。东北自辽宁南部，西至甘肃，北起内蒙古南部，南到广东、广西，西南至云南均有栽培。垂直分布在海拔 1500 米以下的山地和广大平原地区，最高达海拔 1800 米。

香椿芽

果

幼叶

香椿
Toona sinensis (Juss.) Roem.
又名：毛椿、椿、春阳树等

环境

● 喜温，适宜在平均气温8—10℃的地区栽培。

● 喜光，较耐湿，生长于河边、宅院周围肥沃湿润的土壤中，一般以沙壤土为好。适宜的土壤pH值为5.5—8.0。

用途

● 香椿木可用于制作家具，也可作造船、建筑材料。

● 香椿也是庭院和街道旁的观赏树木。

● 香椿叶含胡萝卜素、B族维生素、维生素C及蛋白质，营养丰富，民间有"常食香椿，不染杂病"之说。

特征【萱草】

我是多年生宿根草本，根近肉质，中下部纺锤状膨大。

我的叶基生，2列，带状。花序由叶丛中抽出，顶端簇状或假二歧状圆锥花序；花漏斗状，花被裂片6片，内侧裂片缀有彩斑，橘红色至橘黄色，早上开花晚上凋谢；雄蕊6枚。我的蒴果呈倒卵形至钝菱状椭圆形。

花

植株

由于长期栽培，目前我的类型或变种很多。一般俗称的"萱草"，泛指较大的物种分类，除萱草本身外，另包含黄花菜（金针）及其同属小黄花菜的多种植物。

住在哪里？

我原产于中国南部地区，秦岭以南各省，主要分布于秦岭南北坡，多栽培，野外生长于海拔300—2500米的山沟湿润处。

花枝

晒干的金针

萱草

Hemerocallis fulva (L.) L.
又名：黄花菜、金针、忘忧草等

环境

- 喜光，抗寒耐旱，适应性强，到处可种。
- 在深厚、肥沃、湿润、排水良好的砂质土壤中生长良好。

用途

- 萱草属植物花色艳丽、花姿优美，可供观赏。
- 可食用的萱草，北方人唤作黄花菜，南方人称作金针。

07

付之梨枣

然欲付梨枣而啬于资，素愿莫偿，恒深歉怅。

——清·蒲松龄 聊斋志异·段序

历史文化

　　梨木、枣木的木材皆厚重质密，所以古代常采用梨木、枣木来刻版，称之为"书版"。"付之梨枣"的意思，是指古人用梨木或枣木来印书、出书。

　　类似的成语有"祸枣灾梨"，称滥刻没有价值的书籍，徒使梨、枣受到砍伐的灾祸。

　　【梨】古人称为"百果之宗"。梨的栽培历史悠久：《礼记》记载古代诸侯经常食用楂、梨、姜、桂，可见至少在周代已有栽培。汉代，梨已进行大面积栽植，而且已培植出优良品种，如《史记》云："淮北、荥南、河济之间千株梨。"又说："真定御梨，大若拳，甘若蜜，脆若菱，可以解烦释渴。"唐代的梨树人工栽培更普遍，《新唐书》中记载唐明皇选子弟三百，教授音乐律制（五音十二律）、歌舞韵律，地点就在种满梨树的果园中，因此这些受训的艺人被称为"梨园子弟"，并一直沿用至今。

梨是夏季极受欢迎的水果。目前中国栽植面积最广，产量最多的梨有两种：一为华北地区的白梨，一为长江流域及华南地区的沙梨。此外，东北地区的秋子梨栽培面积也相当广。古典文学作品及成语中的"梨"，应该是中原地区最普遍栽植的白梨。

除了收获果实，白色花的梨树，也是重要的观赏花木，成为诗人吟咏赞美的对象，如"十里香风吹不断，万株晴雪绽梨花"，或"梨花淡白柳深青，柳絮飞时花满城"等诗句。

【枣】俗称"红枣"。古时常将枣果当作粮食，也作为祭祀祖先及神祇的供品，并常作为送往迎来的馈赠礼物。

从大量出土的文物及古文献记载可知，枣在3000多年以前就已是重要的栽培果树：《诗经·豳风·七月》篇提到："八月剥枣，十月获稻"；中国辞书之祖《尔雅》则记载着11个枣的品种；自古以来就被列为"五果"（桃、李、梅、杏、枣）之一。

红枣也是药用植物，从《本草经》和《本草纲目》的叙述，以及现代医学的研究结果可知，枣（红枣）的维生素含量非常高，具有滋阴补阳的功效。红枣可作为滋补佳品，可供药用，有养胃、健脾、益血、滋补、强身之效，所以古人有"日食三枣，长生不老"之说。

成语延伸

- 梨花带雨：形容美女的泪容，有如春天沾着雨的梨花。白居易《长恨歌》中以"梨花一枝春带雨"来描述杨贵妃楚楚可怜的容貌，成为经典。

- 交梨火枣：梨和枣，是道家称神仙所食的两种果品。

- 让枣推梨：比喻兄弟间的礼让及友爱之情。

- 囫囵吞枣：古人相传"枣益脾而损齿"，意思是说吃枣子对脾脏有好处，却会损害牙齿。因此，"吃枣只咽不嚼"，不咬枣果而直接吞下才不会有害健康。此即所谓的"囫囵吞枣"的原意，引申为食古不化或不求甚解的求学态度。

特征【梨】

我是落叶乔木，可长至 10 米高，嫩枝及幼叶密被长柔毛。我的叶为互生，狭卵形至倒卵形，长 7—12 厘米，宽 4—6 厘米，先端长渐尖，基部圆形至近心形，边缘具刺芒状锐锯齿；叶柄长 3—5 厘米。

我的花序是总状花序伞形状，有白花 6—9 朵，花径 2—3 厘米，花梗长 3—5 厘米；雄蕊约 20 枚；花柱 5 枚，子房下位。

植株

我的梨果近球形，直径 3—10 厘米，果皮锈色至绿黄色，具明显皮孔；果梗长。

住在哪里？

我原分布于华中、华东及西南各省。其中，安徽、河北、山东、辽宁四省是中国梨的集中产区，栽培面积占全中国的一半左右，产量超过 60%。

我在全世界约有 35 个原生种，野生分布于欧洲、亚洲及非洲，分类上分为东方梨及西洋梨两大类：东方梨原生中国的约 14 种，早在周代即有栽培；西洋梨原产于欧洲，基本原生种仅西洋梨一种。

白梨

花枝

雄蕊

梨

Pyrus bretschneideri Rehder
又名：白梨、鸭梨等

环境

- 梨树在温暖的环境中生长快速，所以在其生长期需提供较高的温度，但在形成花芽的休眠期需要一定的低温。

- 在光照充足的环境下，梨树的产量会增加。

- 水分是梨树果实中最主要的成分，占比达 80% 以上，所以梨树生长中对水的需求量较大。

用途

- 梨的果实通常作为水果来食用，不仅味美汁多，甜中带酸，而且营养丰富，含有多种维生素和纤维素。梨既可生食，也可蒸煮后食用。

- 梨可以通便秘，利消化，对心血管也有好处。

特征【枣】

我是灌木或小乔木，具长枝、短枝及无芽小枝，长枝形成"之"字形，具长刺及反曲刺。

我的叶为互生，基部 3 出脉，卵形至卵状披针形，长 3—8 厘米，宽 2—3.5 厘米；细钝锯齿缘，两面光滑。

花

植株

叶

花 2—4 朵丛生叶腋，形成短聚伞状，呈黄绿色，直径 0.6—0.7 厘米；核果卵圆形至椭圆形，直径 1.8—4 厘米，熟时暗红色，味道甜甜的，核两端具锐尖头。

住在哪里？

我是红枣，在中国北方被统称为"大枣"。原产于华北，该区的红枣特别大且肉多，东北、西北、华中及华南各省亦有分布。

我原本生长于海拔 1500 米以下的山区、丘陵、平原、山坡、旷野或路旁，后来因为我的高经济价值，而被移植到日本以及欧洲南部、北美洲等地。

晒干的红枣

果枝

枣

Ziziphus jujuba (L.) Lam.
又名：大枣、红枣等

环境

● 温带作物，适应性强，具有耐旱的特性，喜温暖干燥的环境。

● 对土质要求不严。

用途

● 果实营养丰富，富含铁元素和维生素。生食熟吃皆宜，鲜食脆又甜；晒干可久藏，并可制成枣脯、枣泥、蜜枣，或用木炭火烤干制成"焦枣"。

08 人面桃花

去年今日此门中，人面桃花相映红。

人面不知何处去，桃花依旧笑春风。

——唐·崔护《题都城南庄》

历史文化

唐代诗人崔护在中进士前的某年清明节，到长安城南独游，走走逛逛不知多久多远后，他有些累了。就在这时，崔护看见一座桃花盛开的农庄，赶紧上前去叩门，想要讨杯水酒来解渴，赫然发现，来开门接待的竟是一位姿色非凡、艳如桃花的女子。"多美呀！"惊喜的诗人留下了非常深刻的印象。

第二年的清明节，崔护情不自禁地又前往旧地，试图去寻访那位女子，但大门深锁，尽管桃花依旧，却不见去年那位女子的芳踪。于是，惆怅的诗人写下《题都城南庄》一诗，此即"人面桃花"的出处。"人面桃花"原指女子的容貌与桃花相辉映，后来演变为成语，除可形容女子容貌美丽外，也被用来形容景色依旧，而人事已非的感伤，成为忆旧感伤之词。

桃花色彩浓艳，从《诗经》"桃之夭夭"以后，历代咏桃花的诗句连绵不绝。桃花的美丽也反映在民俗上，据说取桃花帮小孩洗脸，可使面色"妍华

"光悦"，也就是能让面容变得美丽、帅气。桃与李的命名都是因为结实量多，所以后人常以桃李来表示门生之众。如"桃李春风"，比喻学生们受到良师的教导，源自刘禹锡的"一日声名遍天下，满城桃李属春风"。

此外，古人认为桃木有驱鬼辟邪的神奇法力。因此从春秋时代开始，就以桃木制成扫帚、桃弓、桃人及桃印等物，甚至在桃木上刻字，悬挂在门上避邪，称为"桃符"，后来慢慢演变成现在的春联。每年岁末迎新换贴新春联，就称为"桃符换旧"。《本草纲目》说："桃味辛气恶，故能厌邪气"，也是说桃木可避邪，道士做法时亦常用桃木剑降妖伏魔。

典故延伸

● 桃花潭水深千尺，不及汪伦送我情。

——唐·李白《赠汪伦》

借景物比拟，来衬托诗人不舍、感激友人送别的深厚情谊。

● 竹外桃花三两枝，春江水暖鸭先知。

——宋·苏轼《惠崇春江晚景》

比喻因处于某一环境中，而预先感受到环境已改变的征兆。

成语延伸

● 杏脸桃腮：用杏花和桃花形容女子容貌美丽等。

● 投桃报李：比喻友人间的友好往来或相互赠予。

住在哪里？

我是落叶灌木或小乔木，树高4—5米。

我的叶呈卵状披针形至长椭圆状披针形，长8—12厘米，宽2—3厘米，叶缘有细锯齿，两面通常无毛，揉之有杏仁味。叶柄长1—2厘米，近叶基处

花枝

桃果枝

有腺点。

我是先花后叶，花单生，花瓣大多呈粉红色，少数变种如白碧桃则为白色。

核果除蟠桃外，多为圆形或长圆形，直径 4—7 厘米，果表面多密被绒毛。我的果肉呈白色、黄色或夹红晕，少数呈红色；肉质柔软、脆硬或密韧；核表面具不同沟点纹路。

住在哪里？

我原产于中国，自古即为广泛栽培的果木，栽培历史超过 3000 年。各地区广泛栽植，主要经济栽培地区在河北、河南、山东、山西等地。汉朝通西域后，我被快速传播到伊朗、印度、希腊、意大利及欧美其他国家。

未成熟的桃果枝

花

桃

Prunus persica (L.) Batsch
又名：桃子、毛桃等

环境

- 温带植物，喜光，需充足的水分和肥料，不耐旱。

用途

- 世界上桃的品种有3000多种，可分为食用桃和观赏桃两大类。

- 桃果实多汁，作为食用水果，可以生食或制桃脯、罐头等，核仁也可以食用。桃的品种主要有黄肉桃、油桃、蟠桃等。

- 观赏桃的花色有桃红、嫣红、粉红、银红、殷红、紫红、橙红、朱红等。

09 摽梅之候

摽有梅，其实七兮。

求我庶士，迨其吉兮。

——诗经·召南·摽有梅

历史文化

　　"摽梅之候"，也可称之为"摽梅之年"。"摽"字，就是打或击落，"摽梅"，指梅子已经成熟而落下；"其实七兮"，树上只剩七成梅子了；"求我庶士，迨其吉兮"，是呼吁待娶而有心追求此女子的男士，千万要把握吉日良辰不要错过呀！以上诗句表现女子求嫁的心情。当时女子过了一定年纪未嫁，就开始焦虑了。后来以"摽梅之候"或"摽梅之年"，比喻女子已达结婚年龄或待嫁年纪，或男大当婚的年龄；也引申为面对事情要赶快下决定，不要犹豫。

　　《诗经》创作于2500多年前，那时的男女婚恋是比较自由的。《召南·摽有梅》这首诗属于古召南地区（相当于现在的江汉地域）的民歌，上段引述的诗句是第一章，到了第二章，待嫁女子的心情更加急迫了："摽有梅，其实三兮。求我庶士，迨其今兮。"说梅子又继续掉落，留在树上的梅子更少了，只剩下大概三成；"有心追求我、想娶我的男士，动作请加快啊，今天就是好日子！"诗中大胆地表现出一次比一次更想嫁人的迫切期望，真切动人。

《诗经》可说是最早记载梅的古籍，各篇章中的梅，多采梅子食用而非观赏花，如《礼记·内则》记载："瓜桃李梅……皆人君燕食所加庶馐也"，说明梅子是君王贵族的日常食品。并且，梅子在古代主要作为调味用。此外，古人还以梅子祭神；赏梅花、咏梅花的风气宋代以后才开始形成，以后的文人雅士陆续跟进，有些人甚至爱梅成痴。

梅花通常在晚冬至早春开放，在中国传统文化中，梅与兰、竹、菊一起列为"四君子"，也与松、竹一起称为"岁寒三友"。梅花凭着耐寒的特性，成为代表冬季的花。

成语延伸

- 望梅止渴：出自南朝宋·刘义庆的《世说新语·假谲》篇。曹操率军出征的途中，士兵因缺水干渴难耐。曹操灵机一动，谎称前面有梅林，士兵们一想到又酸又甜的梅子，口水都流出来了，暂时解了渴。后来比喻用空想来安慰自己。

● 傅说盐梅：出自《尚书·说命》篇，记载殷高宗和贤臣傅说的一段对话中，就有这样的句子，"若作和羹，尔惟盐梅。"意思是，就好比做羹汤时，你是调味用的盐和梅；盐是咸的，梅是酸的，盐和梅都是烹饪必不可少的调味料，比喻为国家所需的治世贤才。

● 梅妻鹤子：宋朝时，林逋隐居于杭州西湖孤山，没有妻子也没有孩子的他，种植梅花并且养鹤来作伴，日子过得好不逍遥自在，被称为"梅妻鹤子"。后来被比喻为清高或隐居。

红梅花

花枝

特征

我是落叶小乔木，枝平滑。我的叶呈卵形，长5—8厘米，先端长尾尖；边缘细锯齿；叶柄长约1厘米，近叶基有2个腺体。

我先开花后长叶，单生或2—3朵簇生，无梗或具短梗，直径1—3厘米；萼筒钟状，裂片卵形；花瓣白色，有时淡红色，栽培品种则有紫、红、淡黄等花色，花瓣5枚，有淡香；雄蕊多数，心皮1个，子房密被柔毛，花柱长。

我的核果近球形，两边稍扁，外果皮有沟，直径2—3厘米，被短绒毛，味道极酸。

梅果枝

白梅花

住在哪里？

　　我原产于中国四川省西部，通常分布在海拔1700—3100 米的林坡、疏林、河边、山坡、山地。现有的资料显示，野梅在中国西南海拔 1300—2600米的山区广有分布，尤其是滇、蜀两省，目前各地均有栽培。

　　我主要分布在东亚地区。梅树种自古代中国传入日本及韩国，作为赏花树种被广泛种植。此外，除了新西兰略有分布，其他国家少有种植。

植株

梅

Prunus mume Siebold & Zucc.

又名：春梅、红梅、白梅等

环境

● 喜温暖，年平均气温为 12—23℃ 的地区均可栽培。梅花可耐 −15℃ 的低温。

● 对土壤要求并不严格，但土质以疏松肥沃、排水良好为佳。对水分敏感，虽喜湿润但怕涝。

用途

● 中国栽培果梅已有 3000 多年历史。梅有果梅和花梅之分：果梅的果实可食，盐渍、干制，或熏制成乌梅入药，有止咳、止泻、生津、止渴之效；花梅的花多为白色、粉色、红色，也有紫色、浅绿色。

● 树姿优雅，枝干苍古，植为盆景、庭木尤富观赏价值。

10 枇杷门巷

万里桥边女校书，枇杷花里闭门居。

扫眉才子知多少，管领春风总不如。

——唐·王建 寄蜀中薛涛校书

历史文化

　　唐代蜀中女子薛涛住在成都万里桥边，她能诗文且又善歌，是当时知名的女才子，人称"女校书"。因薛涛的居住处栽植了许多的枇杷树，当时常有慕名的文人才子前往造访，穿梭于枇杷树下，于是被称为"枇杷门巷"。后人诬指薛涛为乐妓，所以"枇杷门巷"也被比喻成古代乐妓居住的地方。

　　为了纪念才华横溢的女诗人薛涛，近代于薛涛居所遗址处（今成都望江楼公园内），根据诗人王建诗中描述的"枇杷花里闭门居"，修建了"枇杷门巷"，还有纪念薛涛的井，称"薛涛井"，井旁还建有"吟诗楼""濯锦楼"等，成为极具古迹规模并和"枇杷门巷"相关的游览胜地。

　　枇杷枝肥叶长，叶大如驴耳，背有黄毛，果实形似琵琶，因此而得名。枇杷原产于中国南部温暖多雨的地区，栽培历史约有 2000 年。汉朝的上林苑是世界上最早的植物园，当时栽种的各类奇花异树中，已经有枇杷。日本栽种的枇杷应该是唐朝时传过去的，因此日本人又称之为"唐枇杷"。

叶

花枝

枇杷在古代是名贵的水果，南方盛产，进贡皇室，供祭祀祖先和鬼神之用。枇杷产果于夏季，古代官方与民间在夏季祭祀中都以枇杷为供品。枇杷盛产时节，每枝结果数十粒，满树金黄，极为壮观，此景即所谓"一梢满盘，万颗缀树"。

梅尧臣的诗说得最好："五月枇杷黄似橘，谁思荔枝同此时。"枇黄荔红，结实串缀、各擅其长。

特征

　　我属于常绿小乔木，小枝黄褐色，被锈色绒毛。

　　我的叶为互生，革质，短柄或几近无柄。叶片长椭圆形至倒卵状披针形，长 12—30 厘米，宽 3.5—9 厘米，先端尖，疏锯齿缘，表面深绿色，基部楔形或渐狭成叶柄，表面光滑，背面及叶柄被锈色绒毛。

　　我的花序为顶生圆锥花序；白色的花瓣 5 枚，有芳香；子房下位，5 室，花柱 5 枚。我的梨果是卵形至长圆形，颜色为黄色至橙色。

枇杷花

住在哪里？

　　我原产于华东、华中及华北，属亚热带树种，长江以南各省多作果树栽培，福建省漳州市云霄县还被誉为中国枇杷之乡。日本、越南、印度、缅甸、泰国、印度尼西亚也有栽培。

枇杷果

枇杷

Eriobotrya japonica (Thunb.) Lindl.
又名：卢桔、金丸等

环境

- 适宜温暖湿润的气候，在生长发育过程中要求较高温度，年平均温度12—15℃，冬季不低于 −5℃。

- 对土壤适应性强，但以土层深厚、土质疏松、含腐殖质多、保水保肥力强而又不易积水，pH值为6左右的砂质壤土为佳，所以适宜在山地与丘陵生长。

用途

- 果肉柔软多汁，风味鲜美，被誉为"果中之皇"。除供鲜食外，还可制成罐头、蜜饯、果膏，用来酿果酒与饮料等，具有润肺、止咳、健胃、清热的功效。

- 叶晒干去毛可供药用，可化痰止咳、和胃降气。

- 枇杷木材呈红棕色，可制作木梳、手杖、农具柄等。

11 蟾宫折桂

武帝于东堂会送，问诜曰：

卿自以为如何？

诜对曰：臣鉴贤良对策，为天下第一，

犹桂林之一枝，昆山之片玉。

——晋书·郤诜传

历史文化

　　晋武帝问左丞相郤诜的自我评价，郤诜回说："我就像广寒宫（月宫）里的一段桂枝，昆仑山上的一块宝玉。"郤诜用月宫的一枝桂、昆仑山的一片玉来形容自己特别出众。《晋书》中的这段记载，便是"蟾宫折桂"的出处。

　　唐代博物学家、诗人段成式撰写的笔记小说集《酉阳杂俎》中，记载了吴刚伐桂的神话：传说月亮上有棵桂树高达 500 丈（约 1667 米），吴刚因学仙术违规，被罚在月宫砍桂，但他每砍下一斧后，桂树的创伤就会立即愈合，因此吴刚常年在月宫砍桂而始终砍不倒树。这就是民间盛传的"吴刚伐桂"的故事。

　　农历八月间常有桂子落于杭州天竺寺，称为"月桂落子"，古人相信这是月中桂花树所落下的果实。因有月中桂树的传说，所以人们又称月亮为"桂月""桂宫""桂轮"等——唐代诗人皮日休的《天竺寺八月十五日夜桂子》这首诗中，第一句"玉颗珊珊下月轮"便是描述：纷飞的桂花花瓣，缀饰着点点晶莹露珠，由天竺寺中的桂树上轻盈飘落，仿佛是颗颗玉珠从夜空的明月中滑落一般。

"蟾宫"即指月亮、月宫，"折桂"比喻科举及第，"蟾宫折桂"字面原意是在月宫中折桂，唐代以后，用来比喻科举高中进士，或引申为获得很大的成就，或很高的荣誉，多指金榜题名、仕途亨通，还指体育比赛中运动员获得冠军，亦可指社会生活中人们参加各种考试取得较好的名次等。"折桂攀蟾""蟾宫扳桂""月中折桂"的原意和延伸意都与"蟾宫折桂"相同。

天然的桂花树多丛生于岩岭之间，因此又名岩桂，木材"纹理如犀"，又名木樨。桂花是栽植普遍的木本香花植物，古人以"兰桂腾芳"比喻子孙昌盛显达，如同兰花、桂花一齐散发芳香。成语"桂子飘香"，意为中秋节前后桂花散发香气，以喻佳景怡人。

典故延伸

● 犹喜故人先折桂，自怜羁客尚飘蓬。

　　——唐·温庭筠《春日将欲东归寄新及第苗绅先辈》

　　为老友科举及第而开心，并自怜自身郁郁不得志。

● 桂折一枝先许我，杨穿三叶尽惊人。

　　——唐·白居易《喜敏中及第偶示所怀》

　　杨穿三叶原指射技高超，这里整句比喻兄弟三人相继科举及第。

植株

特征

　　我属于常绿灌木或小乔木。我的叶为对生，革质，椭圆形至椭圆状披针形，长 5—12 厘米，宽 3—5 厘米。我的叶面光滑，叶缘有锯齿，幼树者有疏锯齿，大树之叶则多全缘，两面光滑而无毛。

　　我于秋季开花，花极小，3—5 朵组成聚伞花序或簇生叶腋，花冠为白色、黄色或橘红色，有浓郁香味，花冠筒极短，4 裂，雄蕊 2 枚。

　　我的核果呈椭圆形，长 1—1.5 厘米，熟时紫黑色。

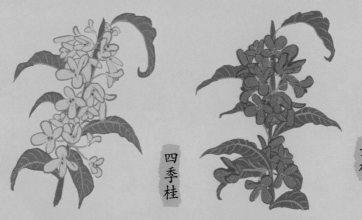

四季桂

丹桂

住在哪里？

我原产于中国西南地区，喜马拉雅山脉、日本南部等地均有野生，印度、尼泊尔、柬埔寨也有分布。目前，各地均有栽培。

我主要有四类：①银桂，花朵颜色较白，稍带微黄，香气较淡，叶片较薄；②金桂，花朵金黄，香气浓郁，叶片较厚；③丹桂，花朵颜色橙黄，气味浓郁，叶片厚，色深；④四季桂，别称月月桂，花朵颜色稍白，或淡黄，香气较淡，叶片薄，长年开花。

桂子

金桂

桂花

Osmanthus fragrans (Thunb.) Lour.
又名：木樨、丹桂、四季桂等

环境

- 喜欢温暖的环境。

- 宜在土层深厚、排水良好、疏松肥沃、富含腐殖质的偏酸性砂质土壤中生长。不耐干旱瘠薄，在浅薄板结贫瘠的土壤上，生长特别缓慢，枝叶稀少，叶片瘦小，叶色黄化，不开花或很少开花，甚至有周期性的枯顶现象，严重时整株死亡。

用途

- 桂花味辛，可入药，有化痰、止咳、生津、止牙痛等功效。

- 桂花味香，持久，可制糕点、糖果，并可酿酒。此外，亦常制成桂花糖、桂花汤圆、桂花酿、桂花酱、桂花卤等。

12 黄杨厄闰

黄杨木坚致难长，俗云，岁长一寸，闰年倒长一寸。

——宋·陆佃埤雅·释木

历史文化

"黄杨"是树木名称，"厄"是困苦之意，"闰"指闰年。旧时传说，黄杨木长得很慢，遇到闰年，非但不长，反而会缩短、缩小。前文的意思是"黄杨树的木材坚硬致密，属于生长很慢的树种，俗话形容此树每年长一寸，但到了闰年，则反而倒长一寸。"宋代苏轼的《监洞霄宫俞康直郎中所居四咏》有诗句："园中草木春无数，只有黄杨厄闰年"，也提到"黄杨厄闰"。古人用"黄杨厄闰"或"黄杨厄闰年"比喻境遇困难、时运不好，或指诗文没有长进。

黄杨木生长极其缓慢，根据调查，50 年生的植株直径不到 10 厘米。黄杨木至少要 30 年以上树龄者才能作为雕刻材料，极其珍贵。黄杨木理细腻坚致，呈蛋黄色，年久色渐深，古朴美观，硬度适中，是非常优良的雕刻用材，俗话说："鸟中之王称凤凰，木中之王为黄杨。"

古代常采用黄杨木来制作发梳、刻制印章（原文为"作梳、剜印最良"）。

黄杨木"岁长一寸，遇闰年则倒长一寸"的说法，实际上是用来说明黄杨的生长极不容易。树木生长包括高生长（往上拔高）及木材生长（即树干加粗）：木材生长是次生木质部长年的累积，黄杨的树干生长量可能"岁长一寸"，但不可能"倒长一寸"；而树高生长可能因病虫害或风折，枝条顶端枯萎（称顶枯）或树枝折断而产生"倒长一寸"的情形，但不会只在闰年发生。

不过古人多以闰年为不祥，认为闰年时常会发生旱灾或虫害，让黄杨产生顶枯情形，因此有"黄杨厄闰年"的说法。

典故延伸

● 咫尺黄杨树，婆娑枝干重。叶深围翡翠，根古踞虬龙。岁历风霜久，时沾雨露浓。未应逢闰厄，坚质比寒松。

——元·华幼武《咏黄杨》

以枝密、根古、叶翠等勾勒出黄杨的优美树姿，再引申比喻君子之德。

● 黄杨每岁一寸，不溢分毫，至闰年反缩一寸，是天限之命也。

——明末清初·李渔《闲情偶寄》

称黄杨为"知命树"，赞美它守困厄不怨，且能安于天命。

植株

特征

　　我属于常绿灌木或小乔木。我的树干灰白光洁，枝条密生，枝 4 棱，小枝及冬芽外部有短毛。

　　我的叶为革质对生，卵形至椭圆形，长 1—3 厘米，先端圆或凹，全缘，表面亮绿色，基部有毛，背面黄绿色，光滑。

　　我的花簇生于叶腋或枝端，单性花，花黄绿色。雌雄同株，先端为一雌花，其余为雄花。花无瓣。雌花萼片 6 片，花柱 3 枚，子房 3 室；雄花萼片 4 片，雄蕊 4 枚。我的蒴果呈卵形，裂瓣 3 瓣，瓣两侧宿存有 2 裂花柱。

树干

叶与果

住在哪里？

我原产于安徽、广西、四川、江西、浙江、贵州、甘肃、江苏、广东、山东、湖北、陕西等地，生长于海拔 1200—2600 米的地区，多生于山谷、溪边和林下，目前中国各省份均有栽培作观赏用。

树干纹理

黄杨

Buxus sinica (Rehder & E. H. Wilson) M. Cheng

又名：千年矮、万年青等

环境

- 耐阴，可长期生长在荫蔽环境中。

- 耐热耐寒，可经受夏日暴晒，耐 -20℃左右的严寒。

- 对土壤要求不严，以轻松肥沃的砂质壤土为佳。在一般条件下均可保持生长良好。

用途

- 黄杨分蘖性极强，耐修剪，易成型，培育成盆景树姿优美。叶质厚而有光泽，四季常青，可终年观赏。春季嫩叶初发，满树嫩绿，十分悦目。

- 木质极其细腻，是一种雕刻的绝佳材料。

13 榴实登科

邵武郡庭有石榴一株，士人视所实之数，以为登科之信。

熙宁庚戌，岁有双实于木，末者又有附枝而双实者。

是岁，叶祖洽、上官均名在一二，何与京兄弟同榜。

祖洽有诗曰：『已分桂叶争云路，不负榴花结露枝。』

盖谓此也。

——宋·叶廷珪《海录碎事》

历史文化

石榴是常见且受中国文人喜爱的一种植物。宋代一本类书（古代百科全书）《海录碎事》的一个章节中，提到宋代士人（读书人），靠着计算裂开的石榴果里面的种子数量，能占知该年科举考试上榜的人数，即石榴果种子数量有多少，就代表着有多少人可以金榜题名。久而久之，"榴实登科"一词流传开来，寓意金榜题名。

据晋代张华《博物志》的记载，汉代张骞出使西域，从涂林安石国取得石榴的种子带回中国，这种植物就叫安石榴。因石榴是从安石国引进中原地区，因此以"安石"为名；又因其果实形状像巨瘤，故称为"安石榴"，简称"石榴"。古安石国在今中亚巴尔喀什湖和咸海之间，张骞当时取得石榴种后，经丝绸之路传入中国，首先在当时的帝都长安上林苑、骊山温泉宫种植，之后才传到长安以外地区，再后来才传到我国的其他地区。

　　石榴果实内的种子外皮肉质透明，可供食用。由于石榴的种子甚多，除了预知科举考试上榜的人数以外，也有着多子多孙的好兆头，因此民间常用以馈赠新婚夫妻，石榴是多子多福的吉祥象征。唐代李大师、李延寿编撰的《北史》记载，北齐安德王高延宗纳妃，妃母宋氏以两个石榴相赠。皇帝不知道什么意思，大臣魏收说："石榴房中多子，王新婚，妃母欲子孙众多。"原来新岳母用石榴子预祝新郎多子多孙。石榴也是富贵的象征，古人视石榴为吉祥物，象征"家族兴旺、多子多福"。石榴还象征着繁荣、昌盛、和睦、团结、吉庆、团圆。

　　石榴花红艳似火，赏心悦目，所以常以"五月

植株

榴花红似火"比喻朝气蓬勃及丹心赤诚。汉武帝时，特别在上林苑中栽种欣赏。历代诗人及画家也喜欢以石榴为描绘对象，如苏东坡诗云"石榴有正色，玉树真虚名"，以及王安石的"浓绿万枝红一点，动人春色不须多"。

特征

我属于灌木或小乔木，高 2—6 米。

我的幼枝常呈四棱形，小枝端常形成短刺状。

我的叶为对生或近簇生，倒卵形至长椭圆状披针形，长 2—8 厘米，宽 1—3 厘米，叶全缘。

我的花 1—5 朵顶生或腋生，有短梗；花萼钟形，紫红色，裂片厚，5—7 片；花瓣红色或有时白色，长 1.5—3 厘米；雄蕊多数，花丝细弱，长约 1 厘米；

花

花枝

子房下位，上部有 6 个花室，为侧膜胎座，下部有 3 个花室，为中轴胎座。

我的浆果近球形，顶端有宿存萼，直径 3—6 厘米，果皮厚；种子多数，外皮肉质，呈鲜红、淡红或白色，多汁，甜而带酸，可食用；内皮角质或软质。

除了大红色外，我的花色还有粉红、黄色及白色等：花红如火者称为"红石榴"；黄中带白者为"黄石榴"；洁白似玉者为"白石榴"；红底黄纹者则称为"玛瑙石榴"。此外，尚有植株矮小的"火石榴"。

住在哪里？

我原产于巴尔干半岛至伊朗及其邻近地区，全世界的温带至热带都有种植。在中国南北方都有栽培，以江苏、河南等地种植面积较大。

石榴果

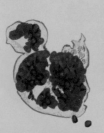

石榴种子

石榴

Punica granatum L.

又名：丹若、安石榴等

环境

- 生长期要求全日照，且光照越充足，花越多越鲜艳。

- 喜温暖向阳的环境，耐旱、耐寒，也耐瘠薄，不耐涝，不耐荫蔽。

- 对土壤要求不严，但以排水良好的夹砂土栽培为宜。

- 适宜生长温度15—20℃，冬季温度不宜低于−18℃。

用途

- 果实可食用，营养丰富，富含维生素C。

- 全株均可入药，果皮及根、花药用，有止泻、止血、驱虫等功效。

14 陆绩怀橘

陆绩，三国时吴人也。官至太守，精于天文、历法。其父康，曾为庐州太守，与袁术交好。绩年六，于九江见袁术。术令人出橘食之。绩怀三枚，临行拜辞术，而橘坠地。术笑曰：『陆郎作客而怀橘，何为耶？』绩跪下对曰：『是橘甘，欲怀而遗母。』术曰：『陆郎幼而知孝，大必成才。』术奇之，后常称说。

——西晋·陈寿《三国志·吴志·陆绩传》

历史文化

　　西晋史学家陈寿在所撰写的《三国志》中，提到陆绩自小便以孝顺闻名。在陆绩六岁时，前往江西九江谒见左将军袁术，袁术以橘子招待。陆绩吃了后，就顺手拿了三颗橘子装在袖子里，等到告别的时候，向袁术拜谢，不料这三颗橘子从袖子里滚出来掉在地上。袁术询问他为什么这样做，陆绩跪着回答说："橘子甘甜，母亲特别喜欢吃，是预备拿回去孝敬母亲的。"后来便用"陆绩怀橘"比喻孝敬长辈。

　　百善孝为先，自古以来孝道便相当受到重视。体贴父母直至赡养父母，既是孩子的责任与义务，也是一种高尚的道德。陆绩的行为被高度赞扬，是因为他懂得关心父母、孝敬父母。

　　橘，属于柑橘类，自古以来即为重要的水果。世界上有135个国家生产柑橘，产量第一的为巴西，第二为美国，中国第三，再其后是墨西哥、西班牙、伊朗、印度、意大利等国。

橘也是中国古代的主要贡品。汉朝时已有大规模栽培，如《史记·货殖列传》云："蜀汉江陵千树橘"。自汉武帝开始，在橘产地均设有橘官，主管每年进贡御橘事宜；皇帝也以橘赐给群臣，如唐太宗于蓬莱殿九月九日赐群臣橘。

橘于秋天成熟，满树金黄，显现出特别情致，有如"树树悬黄金"。古人认为"种橘如养奴仆"，可以致富，因此称橘为"橘奴"或"木奴"。三国东吴的大将军司马李衡，在武陵水洲上种下千株柑橘，年复一年橘树长成了，于是后人便靠着卖橘，每年即可得绢数千匹，家境因此而富足。"千头木奴"，也作"千头橘奴"，即出自此典故，用来比喻家大业大，亦指用来维持家计的产业。

此外，由于橘的俗字"桔"含着一个"吉祥"的"吉"，不少人于新春时会购买橘盆栽摆放，所以也称为"年橘"。

典故延伸

● 茹荼空有叹，怀橘独伤心。

——唐·骆宾王《畴昔篇》

用陆绩怀橘的典故，表达了想要尽孝而不可得的无奈与痛苦。

● 节下趋庭处，秋来怀橘情。

——唐·钱起《送田仓曹归觐》

诗人点出从小受父亲教诲的友人，正在充满浓浓至孝亲情氛围的秋天归乡。

植株

特征

柑橘属于常绿小乔木或灌木，枝有刺。叶为革质，互生，披针形至卵状披针形，长5—8厘米，宽2—4厘米，先端渐尖，全缘或疏浅锯齿缘；叶柄翅不明显。

花为单生或2—3朵簇生叶腋；花萼不规则，3—5浅裂；花瓣5瓣，黄白色，通常长1.5厘米以内；雄蕊20—25枚。花丝3—5枚合生；子房9—15室，花柱细长，柱头头状。

果

花

果呈扁球形，直径 5—7 厘米，熟时橙黄色或淡黄红色；果皮疏松，瓤肉易于分离。

往在哪里？

中国的柑橘主要种植于华南、华中各省份，分布在北纬 16°—37° 之间，而经济栽培区主要集中在北纬 20°—33° 之间，海拔 700—1000 米以下。

果枝

花枝

柑橘

Citrus reticulata Blanco

又名：橘子、番橘等

环境

- 喜温暖湿润气候，是热带、亚热带常绿果树。

- 耐阴性较强，但要优质丰产仍需充足的日照。一般年降水量 1000 毫米左右的热带、亚热带区域都适宜柑橘种植。

用途

- 中国是柑橘的重要原产地之一，柑橘资源丰富，优良品种繁多，有 4000 多年的栽培历史。其果实备受人们喜爱。

- 果皮可入药。

15 卖李钻核

王戎有好李，卖之，恐人得其种，恒钻其核。

——南朝宋·刘义庆 世说新语·俭啬

历史文化

东晋时期有非常出名又有才华的"竹林七贤"。王戎是七贤中的一个人，喜欢吃李子。他家李树上结出的李子非常好吃，汁多又甜，属于优良品种，能卖得好价钱。但是他害怕别人买了他的李子后，会留下种子播种，种出和自己家一模一样优质的李子。于是王戎在卖出李子前，就将每个李子的核仁钻孔，破坏种仁，让别人无法种出这种优良品种的李子。这就是"卖李钻核"，用以比喻鄙吝之人，或形容极端自私的人。

李树结实累累，因此以"木之多子者"作为"李"字。中国栽培李树的历史已有3000年以上，《诗经》《尔雅》及《管子》都有提及。经过数千年的栽植选育，李树已发展出许多优良品种。

李子是夏季的水果，据说"立夏得食李，能令颜色美"，因此昔日爱美的女子们，常会饮用加了李汁的酒（称为"驻色酒"）来养颜。

自古桃、李常并称，两者均是结实多的果树，用以形容师出同门的学生。例如"门墙桃李"和"桃李成荫"，门墙指老师之门，用桃与李来比喻培养出来的学生们。

典故延伸

● 桃李不言，下自成蹊。

——西汉·司马迁《史记·李将军列传》

称许有人名实相符，不必自吹自擂，就能获得他人支持。

成语延伸

● 投桃报李：典出《诗经·大雅》。"投我以桃，报之以李"，意为礼尚往来，互相赠答。

特征

我属于落叶灌木至小乔木，高 9—12 米，树冠广圆形；老枝紫褐色或红褐色，小枝黄红色，无毛。

我的叶为椭圆形至椭圆状倒卵形，长 5—8 厘米，宽 3—4 厘米；叶缘细锯齿；叶柄长约 1 厘米，叶柄近叶基处有腺点。

我的花为 2—3 朵簇生，花直径 1.5—2.2 厘米，先于叶开放，花白色；萼筒钟状；雄蕊多数。果则呈球形、卵球形或近圆锥形，直径 4—6 厘米，上有一纵沟，有光泽并被有蜡粉；核卵圆形或长圆形，有皱纹。

树冠

住在哪里?

果核

我原产于中国，栽培历史相当悠久，且分布很广，品种极多。陕西、甘肃、四川、云南、贵州、湖南、湖北、江苏、浙江、江西、福建、广东、广西等地均有分布，世界各地均有栽培。

李子

一般生长于海拔 400—2600 米的山坡灌丛中、山谷疏林中或水边、沟底、路旁等处。

花枝

花

李

Prunus salicina Lindl.
又名：嘉应子、李子等

环境

● 适应性强，只要土层较深，有一定的肥力，不论何种土质都可以生长。

● 对空气和土壤湿度要求较高。宜在土质疏松、土壤透气和排水良好、地下水位较低的地方生长。

用途

● 温带重要果树之一。栽培最多的李子是中国李和欧洲李。鲜食李子以中国李为主，欧洲李栽培类型很多，常见的如西梅等。

● 李树枝广展，红褐色而光滑，叶自春至秋呈红色，花小，白色或粉红色，是良好的景观植物。

● 果实味甘、酸，性平，具有清热、生津之功效。

16 美芹献君

昔人有美戎菽，甘枲茎、芹萍子者，对乡豪称之。乡豪取而尝之，蜇于口，惨于腹，众哂而怨之，其人大惭。

——列子·杨朱

历史文化

道家重要典籍《列子》中，有一则故事说有人喜欢吃水芹，认为世界上最好吃的食品莫过于水芹。这人开始到处对乡中富豪士绅夸称水芹味道很美，但富豪士绅吃了，却觉得涩口难以下咽，并且吞下后肚子不舒服。此人因此被乡人讥笑、埋怨，觉得惭愧不已。

野生的水芹很普遍，中国各地潮湿的水岸、浅水等地均可见到，人工栽培水芹的历史也很悠久。西周至春秋中叶，水芹就是常见的野蔬。采集野芹的最佳季节，应为初春农历二三月、植株初含花苞时。除了吃新鲜的水芹，也可采淡绿色的幼叶及嫩株，用盐腌过，称为"芹菹"，可随时煮食之。《周礼》说水芹为古代祭祀用的祭品。水芹具有特殊的辛香味，味道比现在广为栽植的芹菜还要强烈，有人嗜好其味，也有人对其特殊的气味敏感而嫌恶之。

　　"美芹献君"原指嗜吃水芹者以水芹馈赠他人，指的是自认为好而赠人的微薄之物，本以为会博得他人赞美，却适得其反、无法获得认同。后来引申为谦称自己议论浅陋或礼物菲薄——古人对自己的上书、建议表示自谦，谦称所赠东西不好，或地位低微的人提出的好意见，都可以说是"美芹献君"，简称"芹献"或"献芹"，也称"芹意"。和"美芹献君"类似的成语有"野老献芹""美芹之献""一芹之微"等，都是自谦之词，自谦礼物微薄。

　　《诗经》采芹的另一例见《泮水》："思乐泮水，薄采其芹。鲁侯戾止，言观其旂。"这是鲁僖公庆功祝捷、宴请宾客的诗。从这两次采芹来看，不论是朝见，还是庆宴，准备点新鲜的水芹，就是表示礼节、表示亲近之义，故曰"芹菜"。

典故延伸

● 献芹则小小，荐藻明区区。

——唐·杜甫《槐叶冷淘》

杜甫自谦礼物菲薄之诗。

● 如不弃嫌，愿表芹献。

——《西游记》·第二十七回

对献给唐三藏的食物表示自谦之词。

● 邀兄到敝斋一饮，不知可纳芹意否？

——《红楼梦》·第一回

可纳芹意，就是芹献的意思。

特征

我是多年生好湿性草本，茎基部匍匐。基生叶有柄，基部有叶鞘；我的叶片轮廓呈三角形至三角状卵形，1—2 回羽状分裂；裂片或小叶长 2—5 厘

花

植株

米，边缘有整齐尖齿。

我的复伞形花序顶生；花瓣白色，倒卵形，有一长而内折的小舌片。我的果为分果，椭圆形或近圆锥形，长 0.2 厘米，果棱显著凸起。

住在哪里？

我分布于中国、朝鲜半岛、日本、中南半岛、印度尼西亚、菲律宾及印度，生长在湿地及水沟旁。

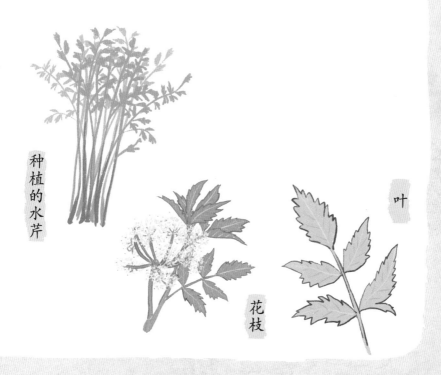

种植的水芹

叶

花枝

水芹

Oenanthe javanica (Blume) DC.
又名：野芹菜、水芹菜等

环境

● 喜湿润、肥沃土壤，耐涝及耐寒性强。适宜生长温度 15—20℃，能耐 0℃以下的低温。一般生长于低湿地、浅水沼泽、河流岸边，或水田中。水源充足，且地势不高的旱地均可栽植。

● 土壤以土层深厚、富含有机质的黏土为好。

用途

● 高产的野生水生蔬菜，嫩茎和叶柄可炒食，其味鲜美。

● 盛产期在春节前后，正值冬季缺菜季节，可补充蔬菜供应之不足。

● 可作药用，其味甘辛、性凉，有清热解毒、润肺利湿的功效。

17 明日黄花

相逢不用忙归去，明日黄花蝶也愁。

——宋·苏轼《九日次韵王巩》

历史文化

"明日黄花"原是来自书面文献的成语，无法望文生义。农历九月九日，是传统的重阳节，"明日黄花"的"明日"，指九月九日重阳节过后的第二日，"黄花"即菊花。菊花有多种花色，但以黄色为正色，因此古代长期称菊花为"黄花"。"明日黄花"指大众在重阳日饮菊花酒，采光了菊花，重阳节的明日，再也难以欣赏到菊花了。或说错过重阳节时令，赏菊就显得过时，将毫无兴味。后来，便用"明日黄花"比喻过时的事物，或指事过境迁。

重阳节又称"登高节""重九节""菊花节""茱萸节"等。据南朝古书《续齐谐记》记载，东汉时，仙人费长房曾对弟子桓景说，某年九月九日会有大灾难，家人须在手臂系上盛满茱萸的囊包，并且登山饮菊花酒，才能消灾。桓景如言照办，果真平安无事，然其家之鸡犬牛羊却都暴毙而死。后来，人们每到九月九日这一天就都会登高，佩戴茱萸避邪，喝菊花酒消灾，渐渐成为一种习俗。

中国栽培菊花的历史已有 3000 多年。菊花是九月秋天的花朵，称为"节华"。自古以来，菊花就是九九重阳佳节最重要的应时花卉，如唐朝孟浩然《过故人庄》说道："待到重阳日，还来就菊花。"菊花开放于深秋霜冻之时，文人以其不畏寒霜的特性来象征晚节清高，以"傲霜之枝"的菊花来比喻志节坚贞。不只是九九重阳节，中国传统的农历新年，也有很多人喜欢在家里摆放菊花、观赏菊花。

菊花是中国十大名花之一，与梅、兰、竹组成花中"四君子"，与月季、香石竹、唐菖蒲形成世界"四大切花"。

成语延伸

- 黄花晚节：语出宋朝韩琦《安阳集·九日水阁》中"虽惭老圃秋容淡，且看黄花晚节香"。比喻晚年还保有高尚节操。

- 菊老荷枯：语出明朝沈采《千金计》中"辜负却桃娇柳嫩三春景，捱尽了菊老荷枯几度秋"。

菊花凋零，荷花枯萎，比喻女子年老色衰。

- 春兰秋菊：语出《楚辞·九歌·礼魂》中"春兰兮秋菊，长无绝兮终古"。比喻在不同时期或领域中各领风骚的人物。

- 持螯封菊：形容秋天吃蟹看菊的情趣。

特征

我是多年生草本，高可达 150 厘米，茎直立，基部常木质化；小枝被柔毛。叶互生，卵形至卵状披针形，长 5—7 厘米，宽 3—4 厘米；边缘有粗锯齿，或深裂成羽状，背面被白色绒毛。

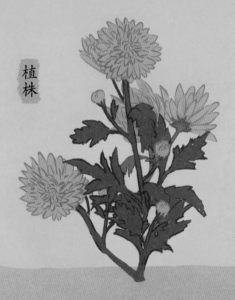

植株

我的头状花序顶生或腋生，直径3—5厘米，总苞3—4层，线形，被白色绒毛；舌状花为雌花，白色、黄色、红色或紫色；管状花两性，黄色。

最早的菊花只有黄色花，唐代以后才出现白色及其他颜色花的品种。由舌状花和管状花组成的比例、形状、大小及颜色，产生各种花型及花色的菊花，可分为单瓣菊、托盘菊、蓬蓬菊、装饰菊、标准菊等多种；依花色主要为黄、白、粉红、橙红及赤红等；依开花期不同将菊花区分为夏菊、夏秋菊、秋菊及寒菊等。

花

花枝

住在哪里？

　　我原产于中国，遍布中国各城镇与农村。八世纪前后，作为观赏的菊花由中国传至日本，被推崇为日本国徽的图样，十七世纪末叶荷兰商人将中国菊花引入欧洲，十八世纪传入法国，十九世纪中期引入北美洲，此后中国菊花遍及全球。

花苞

叶

菊花

Chrysanthemum × morifolium (Ramat.) Hemsl.

又名：滁菊、绿牡丹等

环境

- 短日照植物，在短日照下能提早开花。喜阳光，忌荫蔽，较耐旱，怕涝。

- 喜温暖湿润气候，但亦能耐寒，严冬季节根茎能在地下越冬。适宜生长温度最高32℃，最低10℃，20℃左右最适宜。

- 喜地势高燥、土层深厚、富含腐殖质、疏松肥沃而排水良好的沙壤土。在微酸性到中性的土中均能生长，而以 pH 值为 6.2—6.7 较好。

用途

- 广泛用作观赏。

- 供食用，可酿菊花酒、制作菊花茶等。

- 在神话传说中被赋予了吉祥、长寿的含义。

18 含蓼问疾

观其所以结物情者，岂徒投醪抚寒，含蓼问疾而已哉！

——三国志·蜀书

历史文化

　　"蓼"，生长在浅水中，所以称"水蓼"，是一种味道辛辣的草本植物。"含蓼问疾"原意是嘴里含着水蓼叶，不辞劳苦地慰问伤病者；用辣味使口中不舒服，体会病人深受的痛苦。据《吴越春秋》记载，越王勾践为了雪耻复国，"目卧则攻之以蓼，足寒则渍之以水"，平日除卧薪尝胆外，还经常含着味道苦辣的水蓼来自我激励。"含蓼问疾"比喻君主体恤军民，愿意跟百姓同甘共苦；或指在位者不辞辛劳，抚慰百姓，与士卒同甘苦共患难。

　　与水蓼具辣味性质相关的成语有"蓼虫忘辛"，指虫子吃惯了有辣味的蓼草后，便感觉不到蓼的辣味了，比喻为了所好而不辞辛劳。语出《昭明文选·王粲·七哀》："蓼虫不知辛，去来勿与咨。""蓼虫不知苦"，语出汉代东方朔的《楚辞·七谏·怨世》："桂蠹不知所淹留兮，蓼虫不知徙乎葵菜。"（生长在水蓼叶上的虫，不会迁移至葵菜叶上。）

指虽然葵菜味甘，水蓼味辣，但寄生于水蓼的虫子，因为专吃水蓼，就不觉得水蓼是辣的了，也自然不会趋甘避辣。比喻习惯后，就不觉辛苦。说的是万物各安天性，是生物生存的自然法则。

由于水蓼的味道辛辣，因此水蓼又名"辣蓼"，自古就是食品调味料，为古代的五辛之一（五辛包括蓼、蒜、葱、韭、芥）。古时候，中国还没有使用葱、姜以前，烹煮鸡鸭鱼肉要去腥，只能用有强烈辛辣味的水蓼，方法是采适量水蓼枝叶，填塞于鸡鸭鱼肚或肉片中蒸煮——就是《礼记》所说的："烹鸡、豚、鱼、鳖，皆实蓼于其腹中，而和羹脍亦须切蓼也。"

大意是说煮食鸡、猪、鱼、鳖时，必须以水蓼掺和（塞入腹中），喝羹汤时，亦要放入切碎的水蓼叶。主要目的是减少或除去腥膻味，和现代的香菜、葱、姜等功用相同。由于日常使用频繁，古人会在庭院的水塘中种植水蓼。

典故延伸

● 未堪家多难，予又集于蓼。

——《诗经·周颂·小毖》

以水蓼代表"艰苦"的意思，比喻自己陷入困境，诉说治国理政的艰辛。

● 少年辛苦真食蓼，老景清闲如啖蔗。

——宋·苏轼《次韵前篇》

苏轼抒发对往日年轻时的祸患虽仍心有余悸，此刻却甘于老境安闲。

植丛

成语延伸

● 蓼菜成行：语出《淮南子·泰族训》中"蓼菜成行，蓏瓞有堤"。指蓼菜一株株地排列成行，比喻人的才能平庸，只能成就小事而无法担当大任。

特征

我是一年生草本，高可达70厘米。我的茎直立，多分枝。生长在沼泽、水边及山谷湿地。

我的叶呈披针形至椭圆状披针形，长4—8厘米，宽0.5—2.5厘米，顶端渐尖，基部楔形，两面

花丛

花

无毛，被褐色小点，叶全缘，具缘毛；叶具辛辣味。

　　我的花序为总状花序顶生，花稀疏，下垂；花具苞片，每苞片3—5花；花被5片，白色或淡红色，被黄褐色透明腺点。瘦果卵形，长0.2—0.3厘米，凸镜状或具3棱，密被小点，黑褐色，包于宿存花被内。

住在哪里？

　　我分布于中国、韩国、日本、印度尼西亚、印度和欧洲、北美洲等地，生长在海拔50—3500米的河滩、水沟边、山谷湿地。

花序

枝叶

水蓼

Persicaria hydropiper (L.) Spach

又名：辣柳菜、辣蓼等

环境

● 喜湿润，也能适应干燥的环境。

● 对土壤肥力要求不高，只需阳光充足、平整的地面。

用途

● 在早春时节，古时的人会将水蓼的种子用水浸湿之后，放在葫芦之中，挂在火炉附近温暖的地方。水蓼的种子迅速发芽，类似现代"发豆芽"的技术，萌发的幼苗可食用，和吃豆芽一样。

● 古时也用蓼叶来制造酒曲，嫩叶则可当蔬菜食用。

19 甘心如荠

谁谓荼苦，其甘如荠。

宴尔新昏，如兄如弟。

——诗经·邶风·谷风

历史文化

"荼"是苦菜的古称，吃起来有苦味；"荠"是荠菜，吃起来味甘甜——荼菜虽苦，吃起来味道却像荠菜一样甜美。后以"甘心如荠"，来比喻人只要是出自内心乐意做的事，做起来心甘情愿，无论遭遇再大的外在痛苦与辛苦，心中也会觉得很甜美。

荠菜、苦菜、野豌豆类及藜都是古代常见的蔬菜。由于古时农业以栽植谷类及桑麻等经济植物为主，蔬菜的栽培较少，很多食用蔬菜均采自野生，其中风味较佳的野菜才逐渐在住家附近栽培。中国古代史类文学作品《春秋》写道："荠冬生而夏死，其味甘"；《楚辞》则提到苦菜、荠菜种在不同的地段（"故荼荠不同亩兮"），表示春秋战国时期荠菜已有大面积栽植，是少数被栽培的野菜。

荠菜被誉为"野菜中的珍品"，根据《群芳谱》及其他古籍记载，古人采集食用的荠菜应非一种，而是有"大小数种"。例如，有植株纤细矮小、有辣芥末味的碎米荠；《救荒本草》称为辣辣菜，滋味也不错的独行菜；有质地较粗（茎硬有毛者）、味道较逊的涩荠菜等。

古人占卜，也以荠菜为当年丰收的兆头，如荠菜生长情形良好，表示当年会是个丰收的好年头。荠菜到处可生，特别是稍潮湿的肥沃土壤最为常见。如白居易的诗"满庭田地湿，荠叶生墙根"所说，在墙脚下都可发现，显示其分布广泛。在中国，食用荠菜的历史已经很久了，"甘之如荠"也是称赞"食物太美味了！"春天是吃荠菜非常好的季节，可以清炒、煮汤、包饺子，或者跟肉一起蒸，也可腌制成咸菜。

典故延伸

● 城中桃李愁风雨，春在溪头荠菜花。

—— 宋·辛弃疾《鹧鸪天》

爱国词人描述自然景物：城里娇嫩的桃花、李花担忧着风雨即将来袭的折磨，一派愁苦；倒是溪边的荠菜花昂然盛开，带出最明媚的美好春光。这两句诗既是写景，又兼抒情；暗喻辛弃疾对偏安南宋的悲愤感慨，但又由观察农事劳动中的人们被带出了希望与期待。

● 日日思归饱蕨薇，春来荠美忽忘归。

——宋·陆游《食荠》

自古称荠菜为"野菜之王"，大诗人陆游也爱吃野菜，其中对荠菜更是情有独钟。此诗可见陆游用极大的热情来赞颂春天的荠菜。

● 时绕麦田求野荠，强为僧舍煮山羹。

——宋·苏轼《次韵子由种菜久旱不生》

苏轼非常爱吃荠菜，诗中生动描绘了到麦田采摘荠菜的场景。苏轼还发明了一种加入荠菜、白萝卜、米等慢慢熬煮出的粥，与僧人们一起食用。

特征

我是一年或二年生草本植物，高 10—50 厘米；茎直立；白色的主根瘦长。幼苗时，基生叶呈莲座

状，或辐射状的平铺地面，羽状深裂，长可达 12 厘米，宽 2—5 厘米，裂片 3—8 对；浅裂或不规则粗齿缘，或近全缘。

　　我的茎生叶长圆形或线状披针形，基部箭形，抱茎。顶部的叶片大都接近线形，叶基成耳状抱茎，边缘或有缺刻或锯齿，叶有细柔毛。

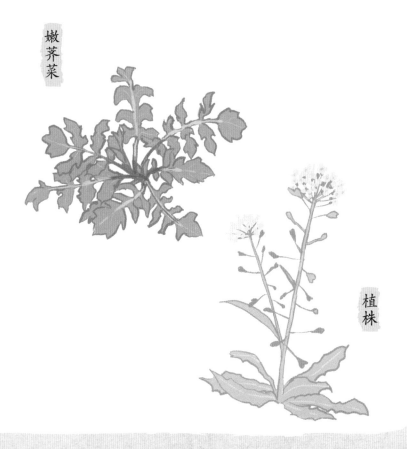

嫩荠菜

植株

我的花序为总状花序顶生或腋生；花瓣白色，有短爪。短角果倒三角形至倒心状三角形，长 0.5—0.8 厘米，宽 0.4—0.7 厘米，扁平，内含多颗种子。

住在哪里？

我广泛分布于欧洲、亚洲及非洲的温带地区。性喜温暖，但耐寒力强。生长在田边、花园里、山坡上，也有人工栽培。

果

花

荠

Capsella bursa-pastoris (L.) Medik.
又名：荠菜、地米菜等

环境

- 种子受潮后有黏稠的分泌物，可以吸引并黏住虫子，并可能吸收虫子的养分。
- 荠菜性喜温和，只要有足够的阳光，土壤不太干燥，都可以生长。

用途

- 种子、叶和根都可以食用。可凉拌或煮食、炒食，味道非常甘美。清炒荠菜或荠菜炒肉丝、荠菜煮汤、荠菜水饺等，都是餐桌上常见的菜肴。
- 可以入药，有明目、利水、和脾、止血等功效。

20 苞茅不入

尔贡苞茅不入，王祭不共，

无以缩酒，寡人是征。

——左传·僖公四年

历史文化

这是一个在春秋时期，齐国以"楚国不向周朝入贡苞茅"为借口，出兵攻打楚国的故事——《左传》里记载，齐国国君齐桓公对楚国说："你们应当进贡苞茅却没有交纳，让周王室的祭祀供应不上，没有用来缩酒的物品，我特来询问此事。"古代用白茅叶捆束，用刀将上段切齐，祭祀时，敬酒后倒酒在白茅束上，酒渗入草束，象征着被祭拜的神祇接受并喝了此酒，称为"缩酒"。后世以"苞茅不入"作为兴师问罪的借口。

白茅又名茅草或茅，初生之茅色白而柔软。古代祭祀会用到白茅，白茅"柔而洁白"，在古代是洁白、柔顺的象征。供祭时会以白茅垫托或包裹祭品，表示崇敬；在各种重要的庆典、进贡等场合，只要用上白茅，就是隆重、诚信的象征。

白茅的根状茎甚长，强韧有节，谓之"茹"，俗称"丝茅"。由于根节处会萌生新笋茎秆，因此拔掉一株时，常会同时拔除连根带茎叶的大把茅草，产生"拔茅连茹"的成语，比喻气味相投的一群人互相引荐。

白茅在亚洲地区，自古即用为覆盖屋顶的材料。用茅草盖成的房子称为茅屋或茅庐，诸葛亮就曾隐居于卧龙岗上的茅庐中，因刘备三次造访此茅庐才愿意下山辅佐，后世即以"三顾茅庐"形容求贤心切。诸葛亮"初出茅庐"就大败曹兵，立下首功，此处是赞扬诸葛亮的神机妙算，才出山就立了大功。但后来被引申为初出社会，经验不足。比方说在《官场现形记》第十九回："那署院一听他问这两句话，便知道他是初出茅庐，不懂得什么。"

典故延伸

● 野有死麕，白茅包之。

——《诗经·召南·野有死麕》

年轻的猎人用白茅包裹猎获的野鹿来讨好少女，以洁净的白茅表示诚心的倾慕之意。

● 手如柔荑，肤如凝脂。

——《诗经·卫风·硕人》

初生之茅名"荑"，白而柔，人见人爱，用来形容女子的纤纤玉手。

成语延伸

● 茅塞顿开：意为受到启发而豁然开朗。

● 茅茨土阶：意为生活俭朴或贫困。

● 茅茨不翦：意为贤明君主自奉俭朴，不尚奢侈。

花序

植丛

特征

我是多年生草本，根状茎发达，秆直立。我的叶鞘聚集于秆基，甚长。叶基生，线形，长约20厘米，宽约0.8厘米；叶舌膜质，长约0.2厘米。

我的圆锥花序顶生，紧缩呈穗状，长约20厘米，宽约2.5厘米；小穗长约5厘米，基部有白色丝状柔毛；颖片亦具长丝状柔毛。雄蕊2枚，花药长0.3—0.4厘米；柱头2枚，紫黑色，羽状。而颖果呈椭圆形，长约0.1厘米。

我主要靠根茎扩展来营养繁殖，也可用种子繁殖，常大面积繁殖成纯群落。由于我的族群竞争扩展能力极强，常被人类视为危害严重的杂草。

果序丛

根

　　我的再生力强，根风干后，埋入土壤仍能成活，铲除极其费工，因此人类称我为"顽固型杂草"——白茅草现在竟被誉为世界"十大恶草"之一。

住在哪里？

　　我广泛分布于亚洲的温带，并延伸至澳大利亚及非洲东部、南部，也分布于非洲北部、中亚、高加索地区、地中海区域以及土耳其、伊拉克、伊朗。中国大部分地区都有分布。

　　生于河岸草地、沙质草甸、荒漠与海滨等。农田、果园、苗圃、田边、路旁、林边、沟边等均可见到成片白茅生长。

白茅扫帚

白茅

Imperata cylindrica (L.) P. Beauv.

又名：茅草、毛启莲等

环境

● 喜光，稍耐阴，喜肥又极耐瘠，喜疏松湿润土壤，相当耐水淹，也耐干旱，适应各种土壤，黏土、沙土、壤土均可生长。以疏松沙质土地生长最多，在沙土地上生长繁殖最旺盛。白茅在 pH 值为 3.9 的土壤中也能正常生长。

用途

● 白茅根是重要的药材。《神农本草经》始载白茅根，将其列为中品，有凉血止血、利尿通淋、清热生津之功效。

● 嫩芽可以做菜，在古代这种嫩芽可是饭桌上常见的菜肴。在古代闹饥荒的时候，成片成片的白茅能用来充饥。

21 早韭晚菘

文惠太子问颙：『菜食何味最胜？』颙曰：

『春初早韭，秋末晚菘。』

——南齐书·周颙

历史文化

《南齐书》里记载：南朝齐武帝的长子文惠太子问周颙："什么菜最好吃？"周颙回答文惠太子："早春时候吃韭菜，到了秋末则吃包心白菜（大白菜）。"后来便用"早韭晚菘"指应时的蔬菜，或各种菜蔬中的佳品。"早韭晚菘"又写作"春韭秋菘"。

【韭菜】周颙是清贫寡欲的文人，终日以蔬菜为食，独处山舍。二月的时候，韭菜味道正好。古代人讲究，说二月的韭菜吃着最健康。这里所说的"春初早韭"，说的应该就是二月的韭菜。韭菜是多年生宿根草本，不像其他蔬菜，必须每年或每季种植。农民种韭菜，一年可以收割三四次，也不会伤根，种一次可以维持很久，所以名之为"韭"（久）。所以俗谚也说韭菜是懒人菜，因为不用每年重种。

韭菜源自亚洲，中国人种植韭菜已经有3000

多年历史。商周之际，韭菜作为食品、调味品、祭品，与稻谷相提并论——在《周礼》中提到了腌渍的韭菜，《诗经》中有"献羔祭韭"的诗句。春天气温回暖，加上春雨霏霏，早春的韭菜最是鲜嫩可口。苏东坡有诗："渐觉东风料峭寒，青蒿黄韭试春盘。"春天的韭菜不仅颜色好看，兼之味道齿颊留香，正因为如此，古人春天祭祀才以韭菜为祭品。韭菜有强烈辛味，自古就被视为重要蔬菜。有人嗜吃韭菜，但也有人讨厌其辛辣味，古书说韭菜的臭气也会影响到排泄物的味道，所以养生者及后来的素食者都将韭菜当作荤菜。

【菘】白菜古名为"菘"，名称的由来，据宋朝的百科全书《埤雅》说："菘性凌冬晚凋，四时常见，有松之操，故曰菘。"意思是说松树岁寒不凋，白菜同样也经冬不凋，因此以"菘"为名。秋末的时候，大白菜收成，准备贮存在地窖里，是最为鲜嫩可口的当令蔬菜。"秋末晚菘"指的就是秋末的大白菜。

　　根据栽植季节，可将白菜区分为春菘与晚菘。春菘于和暖的春天，农历三四月栽植，晚菘于农历八九月间栽种。种植在南方地区的白菜，可在菜园内过冬，随时供人摘采煮食；而北方由于冬季酷冷，白菜采收后必须收藏在地窖中，或腌制成干菜、泡菜，来度过漫漫长冬。

　　古籍均称白菜为菘，一直到南宋诗人杨万里《进贤初食白菜，因名之以水精菜云二首》一诗中，才首次采用白菜一名，并一直沿用至今。白菜至少从南北朝时起，就是中国最常食用的蔬菜之一。明朝以前白菜主要在长江下游太湖地区栽培，并产生不同品种的白菜。明清时期，今称小白菜的不结球白菜，在北方得到了迅速的发展，与此同时在浙江地区，培育出今称大白菜的结球白菜。十八世纪中叶（康乾盛世），在北方，大白菜取代了小白菜，且产量超过南方。

典故延伸

● 夜雨剪春韭，新炊间黄粱。

——唐·杜甫《赠卫八处士》

描述了诗人的老友冒着霏霏夜雨，剪了春日正鲜嫩的韭菜来下酒，还在刚煮好的饭里掺了些黄粱。描述了多年未见的老友的殷勤招待。

- 白菘类羔豚，冒土出熊蹯。

——宋·苏轼《雨后行菜圃》

大诗人苏轼也赞美白菜，将白菜比作鲜美的羊羔和熊掌。

- 一畦春韭绿，十里稻花香。

——清·曹雪芹《红楼梦》第十八回

一畦畦的韭菜，在春风吹拂中生长得鲜嫩翠绿；一片片的稻田，飘散出阵阵的花粉清香。曹雪芹妙手拼贴几处山庄景色，好似预告即将丰收，一幅生动活泼的农家乐情景跃然眼前。

成语延伸

- 五大灌韭：用以讽刺故步自封、不知变通者。
- 冒雨剪韭：典故出自《幼学琼林·卷四·花木》。汉朝时期的郭林宗有个菜园，有一天，朋友范逵晚上来拜访，郭林宗冒着雨去菜园中剪韭菜，作汤饼来款待范逵。用来比喻友情深厚。

特征【韭】

我是多年生草本，具横生的根状茎，鳞茎近圆柱形，簇生。我的叶细长扁平，带状，长 15—30 厘米；宽 0.2—0.8 厘米，背面有隆起的纵棱，中空。

我的花茎为圆柱形，高 20—60 厘米，下有叶鞘；花茎自叶束中长出，总花苞呈三棱形，伞形花序着生于花茎顶端，近球形，总苞 2 裂，宿存；20—30 朵小花，花梗为花被的 2—4 倍长；花白色，具红色

花丛

植丛

中脉，花被 6 片，长 0.5—0.7 厘米；雄蕊 6 枚，雌蕊 1 枚，中间有 1 子房。

我的蒴果果瓣近圆形，绿色三棱形；黑色半球形的种子，扁平，边缘具棱。

住在哪里？

目前中国各地都有栽培，还广泛分布于欧洲大陆的大部分地区，并在世界其他地区具有入侵性。

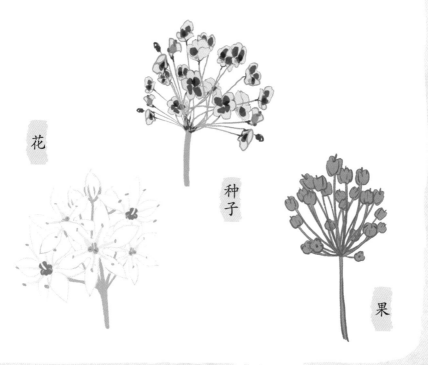

花

种子

果

韭

Allium tuberosum Rottler ex Spreng.
又名：韭菜、久菜等

环境

- 适应能力强，能耐霜冻和低温。当气温降至 −5℃ 左右时，叶仍不凋萎，根和根茎甚至能耐受 −40℃ 低温。最适宜的生长温度为 12—24℃。
- 喜欢在阴湿肥沃的环境生长。

用途

- 含有蛋白质、B 族维生素、维生素 C，还有钙、磷和锌等矿物质。里面的胡萝卜素较多，仅次于胡萝卜，比大蒜多。
- 在北美洲，韭菜通常种在花园中作为观赏用。

特征【菘】

我是二年生草本植物，变种甚多，通常称为白菜。我的叶基生，倒卵状长圆形至阔倒卵形，长30—60厘米，先端圆钝，边缘皱缩，中肋白色，很宽，具多数粗壮侧脉；叶柄亦白色，扁平，长5—10厘米，宽2—8厘米。

我的花序为总状花序伞房状；花鲜黄色，瓣、萼均4片，雄蕊6枚。我的角果长3—6厘米，直径约0.3厘米。

植株

大白菜

往在哪里？

我原产于中国华北，中国各地广泛栽培，以华北地区、长江以南为主要产区，种植面积占秋、冬、春菜播种面积的 40%—60%。

小白菜

植株丛

花

大白菜

Brassica rapa var. glabra Regel

又名：白菜、菘等

环境

- 比较耐寒，对低温的抵抗能力非常强，喜好冷凉气候，因此适合在冷凉季节生长。如果在高温季节栽培，容易发生病虫害，或品质低劣，产量低，所以不适合在夏季栽培。

- 适于栽种在保肥、保水并富含有机质的壤土与沙壤土及黑黄土，不适于栽种在容易漏水漏粪的砂土，更不适于栽种在排水不良的黏土。

用途

- 营养丰富，含丰富的维生素、膳食纤维和抗氧化物质，能促进肠道蠕动，帮助消化。菜叶可供炒食、生食、盐腌、酱渍。

- 外层脱落的菜叶可作饲料。

22 豆蔻年华

娉娉袅袅十三余，豆蔻梢头二月初。

春风十里扬州路，卷上珠帘总不如。

——唐·杜牧 赠别二首·其一

历史文化

杜牧年轻时，曾随丞相牛僧孺在扬州供职，后来离开扬州要去长安，临行时写了《赠别二首》。其中前文这首是说：这个少女姿态轻盈、举止优雅，正是十三岁多一点的青春年华，娇艳欲滴有如二月初枝头上含苞待放的豆蔻花；我看尽扬州城十里长街的青春佳丽，街道上卷起珠帘、故作娇俏的美女，没有人比得上她。

诗人用豆蔻花来比喻少女体态之娇小可爱、容貌之清丽，让世故俗艳的扬州歌妓登时相形失色，自叹不如。后人遂以"豆蔻年华"来相比年轻的少女。"豆蔻年华"原用以比喻十三四岁妙龄之年的少女，说女子年少而体态柔美，后来也适用于形容二十岁左右甚而年龄更大的女子。

豆蔻，是一种植物，其种类有草豆蔻、白豆蔻、红豆蔻、肉豆蔻等，其中的肉豆蔻是一种小乔木，花极小，非杜牧所说的豆蔻。其余三种，都是多年生常绿，高 2—3 米的草本植物，外形像芭蕉，叶形大。"豆蔻年华"的豆蔻，指的是花长在植株顶端（梢头）的红豆蔻。红豆蔻花的花苞，包在数层苞片中，俗称"含胎花"，其意为"含苞待放"，因此也就成为少女的象征。

豆蔻的茎、叶、种子都有香味，古时多取用为香料来调理食物。西南地区的人采收豆蔻初生花序"含胎花"后，首先用盐水腌渍，再浸入甜糟中，有时则和木槿花同浸，经冬后呈琥珀色，切成片色泽鲜艳，有如少女粉红的脸颊，用来配食早餐。

典故延伸

● 病起萧萧两鬓华，卧看残月上窗纱。豆蔻连梢煎熟水，莫分茶。

——宋·李清照《摊破浣溪沙·病起萧萧两鬓华》

描写李清照晚年大病初愈，身子乏力，因病而鬓发又添斑白，没力气起身，干脆卧躺在床榻上，赏看初升的下弦月，并以豆蔻入药、煎药，而茶性凉，与豆蔻性相反，所以不能喝茶，以药代茶。流露出女词人此刻清静闲散的心情。

- 浅倾西国蒲萄酒，小嚼南州豆蔻花。

　　　　　　　　——宋·陆游《对酒戏咏》

古今中外皆喜以美食搭配美酒。本诗中，陆游是以源于西域的葡萄酒，搭配来自贵州珍贵可口的豆蔻花作为下酒美食。

- 清斋净溲枨椰面，远信闲封豆蔻花。

　　　　　　　　——唐·皮日休《寄琼州杨舍人》

随诗人的信而附上的豆蔻花，象征诗人与朋友间深厚情谊带来的慰藉。

成语延伸

- 豆蔻梢头：由枝头的豆蔻花美景，比喻美人年轻时的情景。

特征

我是多年生草本，茎丛生，植株高可达 3 米；根茎块状。

我的叶片呈长圆形至披针形，长可达 30—35 厘米，宽 6—10 厘米，先端短尖或渐尖，近无柄；叶舌近圆形，长约 0.5 厘米。

我的花序为圆锥花序顶生，密生多花，长 20—30 厘米，密被覆瓦状排列的苞片；花冠裂片白色；花冠管长 6—10 毫米，裂片长圆形。我的蒴果为长圆形，直径 1—1.5 厘米，成熟时为棕红色或枣红色，质薄，不开裂，手捻易破碎，内有种子 3—6 颗。

花

植丛

住在哪里？

　　我原产于亚洲热带地区，如马来西亚、菲律宾、印度尼西亚等地，在中国则产于两广、云南等地的森林中。常生长于海拔 100—1300 米的阴湿草丛、灌木丛及林下。

果枝

干果

花枝

红豆蔻

Alpinia galanga (L.) Willd.
又名：大良姜、红蔻等

环境

- 适应性强，喜温暖湿润的气候环境，能耐短暂 0℃ 左右的低温，稍耐旱，怕涝。
- 土壤以疏松、肥沃、深厚、排水良好的壤土或黏土为好。

用途

- 果实供药用，有祛湿、散寒、醒脾、消食的功用。
- 根茎亦供药用，味辛，性热，能散寒、暖胃、止痛。
- 可作调味料。

23 萍踪浪迹

相公这样人家，萍踪浪迹，你那里去寻他？

——明·徐霖·昆曲绣襦记

历史文化

浮萍是水生植物，根很短，不能附着土壤固定生长，漂浮在水上，随着水波四处漂流。"萍踪浪迹"意思是浮萍到处漂流，比喻一个人到处漂泊，没有固定的住所。

成语"萍踪浪迹"又能用以下包含"浮萍"的词语表示：浪迹萍踪、梗迹萍踪、浪迹浮踪、飘萍浪迹等，也能以不包含"浮萍"的词语表示：浪迹天涯、浮踪浪迹、浪迹江湖、浪迹天下等，都是到处漂流，没有定所之义。而也有浮萍和飞蓬共同形成的成语"萍飘蓬转"：浮萍只能任水漂流，蓬草但凭飘风飞转；意为漂泊不定、四处流浪的生活。另外，表现浮萍漂泊不定特性的成语"萍水相逢"，意为素不相识的人偶然相遇。

静止的水塘中常有成片浮萍生长。很多文献都说浮萍无根，如《说文解字》中"萍无根，浮水而生"，其实浮萍并非无根，而是浮萍仅具悬浮水中短而细的根，无法固着土壤。浮萍漂浮在水上，可以随波逐流，所以才会产生萍无根的印象。古人以浮萍来比喻漂泊不定、无法自主的生活与心境，如唐代李颀《赠张旭》诗云："问家何所有，生事如浮萍。"

由于浮萍种子细小，秋季成熟后掉落并散布水面上，冬季天冷无法发芽，因此农历三月以前水面上均看不到浮萍。等到谷雨以后，"季春三月萍始生"，凡是积水处，都能见到浮萍生长。刚由种子发芽，浮萍个体很少，但之后的生长速度很快，可向四面八方生出营养芽，利用无性繁殖的方式衍生无数个体，在短时间内覆盖及占领整个水塘，因此古人以"一夕生九子"来形容浮萍惊人的繁殖速度。

浮萍有大小两种。小者表面、背面均为绿色，称为青萍，较为常见；大者表面绿色，背面紫色，称为紫萍或紫背浮萍。

典故延伸

● 此生流浪随沧溟，偶然相值两浮萍。

——宋·苏轼《芙蓉城》

苏轼感叹自己一辈子漂泊、流转，如同在茫茫大海中漂流，偶然与人的相遇，好比两叶浮萍不经意地触及。既是诉说实体的漂泊，更是指心境上的漂泊。

● 山河破碎风飘絮，身世浮沉雨打萍。

——南宋·文天祥《过零丁洋》

南宋丞相文天祥，在国家危难之际努力抗元，直至兵败被俘。本诗作于文天祥被元军俘获后、北渡零丁洋时——支离破碎的国家，好比风暴中飘摇不定的柳絮；亡国臣坎坷的身世，正如雨中浮浮沉沉的浮萍。

植株群

● 浮萍寄清水，随风东西流。

　　　　　　——三国时期曹魏·曹植《浮萍篇》

正如浮萍将自己交托给了清清流水，任凭风浪
四处漂流。指浮萍的命运飘忽不定，只能任人摆布
而无助。这是曹植对自身难以主宰命运的感叹。

成语延伸

● 浮萍断梗：比喻漂泊不定的浪子。

特征

我是小型多年生浮水植物，新芽成熟时即脱离
母株，成另一独立植株。我的叶状体对称，表面绿
色，近圆形，倒卵形或倒卵状椭圆形，全缘，上面

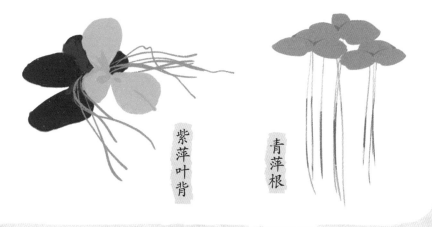

紫萍叶背

青萍根

稍凸起或沿中线隆起，脉不明显。每一植物体独立或数个聚集，仅具一白色纤细根，长3—4厘米。叶状体扁平，对生，两面绿色，具1—5脉，圆形至椭圆倒卵形，长0.15—0.4厘米，两侧具囊，囊内生营养芽和花。

我的花单性，雌雄同株，佛焰苞膜质，生于叶状体边缘开裂处，每花序雄花2朵，雌花1朵；雄蕊花丝细；子房1室，胚珠1—6个。果实近陀螺状，种子具纵肋。

住在哪里？

我广布于全球温暖地区，但印度尼西亚不见分布，中国南北各地均有生长。喜欢温暖气候和潮湿环境，忌严寒。

紫萍与青萍

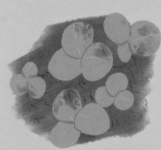

紫萍

浮萍
Lemna minor L.
又名：青萍、水萍草等

环境

- 浮水植物，在静止的水塘中生长良好，繁衍迅速；但在流动水域中不易生存，多随波逐流远去。
- 不耐高温，夏末高温会晒死，植物体由绿变白。
- 生长于水田、池沼或其他静水水域，常与紫萍混生，形成密布水面的漂浮群落。由于该种繁殖快，通常在群落中占绝对优势。

用途

- 浮萍味辛性寒，晒干为末，可驱除蚊虫。
- 为良好的猪饲料、鸭饲料，也是草鱼的饵料。

24 蕉鹿之梦

郑人有薪于野者，遇骇鹿，御而击之，毙之。恐人见之也，遽而藏诸隍中，覆之以蕉，不胜其喜。俄而遗其所藏之处，遂以为梦焉。

——列子·周穆王

历史文化

从前，有个郑国人在野外砍柴，看到一只受伤的鹿跑过来，他起了贪心，顺手便打死了这头鹿。由于担心射杀鹿的猎人来追讨，这个郑国人就把死鹿藏在一条小沟里，顺便采摘了一些蕉叶来覆盖住。

天黑了，他想找到死鹿扛回家，但可惜，他居然忘了自己藏鹿的地方！找呀找，怎么也找不到……于是，他只好放弃，就当作自己只是做了一场梦罢了。"蕉鹿之梦"便是引自这个故事的成语，比喻梦幻之事、真假难辨之物；或比喻虚幻迷离、得失无常的事物；或糊里糊涂、犹如做梦的状况。

"蕉鹿之梦"有许多不同的写法，如梦中得鹿、分鹿覆蕉、梦中蕉鹿、惊心蕉鹿、梦蕉鹿、蕉鹿梦、蕉中覆、蕉中鹿、蕉中梦等，都是相同的意思。

古书中的芭蕉泛指芭蕉属植物，除果实有许多种子，不适合食用、专作观赏用的芭蕉外，此蕉亦包括食用的杂交栽培种，果用的香蕉、甘蔗等。芭蕉类植物叶都巨大，在纸张未普遍的古代，读书人都喜欢在居室旁或庭院中种芭蕉或香蕉。一者作为观赏用；二来也可随手取得蕉叶来以文会友，在酒酣饭饱之后，以蕉叶为纸抒发胸中情怀，此情此景就是黄庭坚所谓的"更展芭蕉看学书"。利用蕉叶练习书法及绘画，写过画过的作品，用水清洗后又可重复使用。

"写遍芭蕉"，典故出自宋代曾慥《类说·书法苑》，记载唐代时擅长草书的书法家怀素，一旦酒兴大发，则会题书于寺院墙壁、衣服或器皿上。勤奋刻苦的怀素，因家贫无多余的钱买纸张，只好种植了一万多株芭蕉树，以便利用蕉叶来练习书法，因此成语"写遍芭蕉"，意为勤学书法。所种的芭蕉，称为"绿天书屋"或"种纸"。

细雨此起彼落敲打在蕉叶上的声音，串连成优美的节奏，不少文人雅士喜欢趁雨听蕉声。清代蒋蔼卿夫妇是细雨芭蕉的爱好者。蒋蔼卿写下："是谁多事种芭蕉，早也潇潇，晚也潇潇。"其夫人回应："是君心绪太无聊，种了芭蕉，又怨芭蕉。"
留下文坛佳话。

典故延伸

● 尽日高斋无一事，芭蕉叶上独题诗。

——唐·韦应物《闲居寄诸弟》

诗人于百无聊赖中，在长而宽大的芭蕉叶上题诗，倾诉着对弟弟们的思念。

● 窗前谁种芭蕉树，阴满中庭。阴满中庭。叶叶心心，舒卷有余清。

——宋·李清照《添字丑奴儿·窗前谁种芭蕉树》

词人借着生动描写芭蕉庭院的特点，借着蕉心卷缩着，交错的宽阔巨大蕉叶舒展着，芭蕉的树荫遮盖、伸展布满庭院空间的意象，来反衬自己的愁怀与郁郁寡欢的心绪。

● 流光容易把人抛，红了樱桃，绿了芭蕉。

——宋·蒋捷《一剪梅·舟过吴江》

时光匆匆流逝，转瞬春去夏又至，人生易老，青春不再，作者心中的感叹焦急，借由"红"与"绿"两字动词化的手法，生动跃然纸上。

特征

我是多年生丛生高大草本，高可达 4 米。由叶鞘紧密叠合成假茎，具根茎。

我的叶片长椭圆形，长 1.5—2.2 米，宽 25—30 厘米，先端钝，基部近圆形，叶表面鲜绿色，背面有白粉；叶柄粗短，长约 30 厘米。

我的花序顶生，下垂，苞片红褐色至紫色，被白粉，里面深红色；雄花生于花序上部，雌花生于

叶

假茎

花序下部。浆果三棱状，长圆形，长 15—20 厘米，几近无柄；种子多数，黑色，具有疣突，直径 0.6—0.8 厘米。

住在哪里？

芭蕉原产于琉球群岛，秦岭淮河以南可以露地栽培，多栽培于庭园及农舍附近。而香蕉、甘蔗等，则原产于热带及亚热带地区。

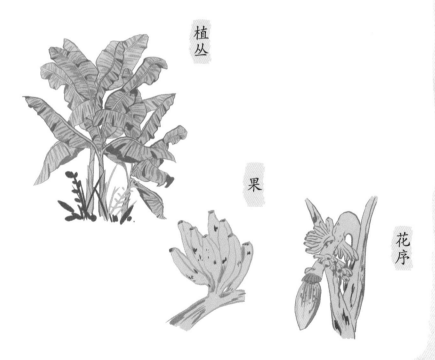

植丛

果

花序

芭蕉
Musa basjoo Siebold & Zucc. ex Iinuma
又名：芭苴、板蕉等

环境

- 喜温暖、湿润的气候，生长温度 15—35℃，适宜温度为 24—32℃，最高温不宜超过 40℃，最低温不宜低于 4℃。

- 土壤要求土层深厚、疏松肥沃、排水良好的土壤，而以沙壤土，pH 值为 5.5—6.5 最适宜。

用途

- 香蕉、甘蔗等，是人工杂交的栽培种。果实长有棱，果皮黄色或绿色，果肉白色，味道香甜。主要作为水果栽培，也是造型特殊的观赏植物。

- 芭蕉的果实不能吃，仅能作观赏植物。庭园种植芭蕉可以追溯到西汉，但中唐之后才逐渐普及，尤其到宋元明清，芭蕉已经成为园林中重要的景观植物。

25 薏苡兴谤

昔马援以薏苡兴谤，王阳以衣囊邀名，嫌疑之戒，愿留意焉。

——太平御览 引司马彪 续汉书

南方薏苡实大。援欲以为种，军还，载之一车。时人以为南土珍怪，权贵皆望之。援时方有宠，故莫以闻。及卒后，有上书谮之者，以为前所载还，皆明珠文犀。

——南朝宋·范晔 后汉书·卷二十四·马援传

历史文化

公元前111年，汉武帝灭南越国，并在今越南北部地方设立交趾、九真、日南三郡，实施直接的行政管理。东汉时期，马援在交趾任职，交趾郡治交趾县位于今越南河内。越南的薏苡果实大，马援爱吃薏苡仁，想拿来作为种子，返乡时载了一车。人们以为这是南方土产的奇珍异宝，争相探视观望，却将满车的薏苡果实看成珠宝，有人甚至上书诬告，说马援从南方载回来的都是贪污来的珠宝（明珠），结果让马援的妻儿等蒙冤坐牢。后遂以"薏苡明珠"比喻被人诬蔑，蒙受冤屈；或故意颠倒黑白，糊弄是非；一作"薏苡之嫌"，或说成"薏苡之谤"，意思都是薏苡被进谗的人说成了明珠。

历代文人像马援一样受到诬蔑、诟谤，引用"薏苡兴谤"成语典故自清的诗文不少。如元末明初贝琼的《送杨九思赴广西都尉经历》有诗句："明珠薏苡无人辨，行李归来莫厌穷。"清代朱彝尊的《酬洪升》有诗句："梧桐夜雨词凄绝，薏苡明珠谤偶然。"

因薏米能除瘴气，经常食用能身轻体健、清心寡欲，所以马援常吃薏米，任满时也载了一车薏苡果实返乡。薏苡又名西番蜀秫、草珠等。叶形如黍，开黄白色花，农历五六月间结实，果实外面包以灰白色、灰蓝色、蓝紫或灰黑色骨质总苞，平滑有光泽，美观，按压不破。基端之孔大，易穿线成串，可做成项链等装饰品，或制成念佛用的菩提珠子。采下未剥壳的薏苡果实，看起来类似珠宝或明珠，满车具外壳的薏苡果实，乍看之下，真的像一车珠宝。

薏苡剥去坚硬的外壳即为薏苡仁，也称之为"薏米""苡米"，可以蒸食及煮粥，舂米为饭，味道甘美；也可磨粉做成面，和米一同酿酒，是古代充饥救荒的食物。薏苡仁已成为目前食物疗法中的补品，市面常见的"四神汤"所用的主材料即有薏苡仁。常吃薏苡仁据说还可"强健耐饥"，夏季人们还会喝"薏仁汤"。

典故延伸

● 首级之差，今复谁辩，薏苡之谤，不能自明。

——唐·柳宗元《为南承上中书门下嗣乞两河效用状》

作者以"薏苡之谤"，来比喻并未曾收受贿赂却遭到诬谤。

● 少年何处去？负米上铜梁。借问阿戎父，知为童子郎。鱼笺请诗赋，檀布作衣裳。薏苡扶衰病，归来幸可将。

——唐·王维《送李员外贤郎》

王维这首诗诗中有画，因为薏米可以治疗衰、病之体，所以聪慧孝顺的少年为父不辞艰辛、远行奔波、负薏米治病的形象跃然纸上。

幼果序

花序

● 初游唐安饭薏米，炊成不减雕胡美。大如芡实白如玉，滑欲流匙香满屋。

——宋·陆游《薏苡》

诗人盛赞薏苡的色、香、味，奈何人不懂欣赏其好；实是感叹自身，以此比喻小人当道、君子蒙尘。

特征

我是多年生粗壮草本，高可达 1.5 米。我的叶互生，叶片扁平宽大，线形至披针形，长 20—40 厘米，宽 1.5—3 厘米。我的花为单性，雌雄同株，花序为腋生总状花序，长 4—10 厘米，直立或下垂，

果序

如珠宝的薏苡果

具长梗。

我的小穗单生，雌雄同序；雄性小穗生在顶端，由总苞中抽出；雄小穗2—3枚，其中1枚无柄，开花后即凋谢；雌小穗位于花序下部，亦2—3枚，仅1枚发育，外面包以骨质念珠状的灰白色、灰蓝色或灰黑色骨质总苞，有光泽。我的颖果呈圆珠形，直径约0.6厘米。种仁称薏仁。

住在哪里？

世界上热带、亚热带以及非洲、美洲的热湿地带均有种植或逸生。中国华北、华中、华东、华南、西南各省份均有分布。

如珠宝的薏苡果

薏苡

Coix lacryma-jobi L.

又名：五谷子、草珠子等

环境

- 湿生性植物，适应性强，喜温暖气候，忌高温闷热，不耐寒，忌干旱，对土壤要求不严。

- 多生长于湿润的屋旁、池塘、河沟、山谷、溪涧或易受涝的农田等地方，海拔 200—2000 米处常见，野生或栽培。

用途

- 薏苡秸秆是优良的牲畜饲料。

- 薏苡具有健脾胃、补肺气、祛风湿等功效，临床常用于健脾养胃、祛湿消肿等。